Teubner Studienbücher

Informatik

Hotz: **Informatik: Rechenanlagen**
Struktur und Entwurf, 136 Seiten. DM 14,80 (LAMM)

Kandzia/Langmaack: **Informatik: Programmierung**
234 Seiten. DM 18,80 (LAMM)

Maurer: **Datenstrukturen und Programmierverfahren**
222 Seiten. DM 25,80 (LAMM)

Schnorr: **Rekursive Funktionen und ihre Komplexität**
192 Seiten. DM 24,80 (LAMM)

Wirth: **Systematisches Programmieren**
Eine Einführung. 160 Seiten. DM 14,80 (LAMM)

Mathematik

Böhmer: **Spline-Funktionen**
Theorie und Anwendungen. 340 Seiten. DM 24,80

Clegg: **Variationsrechnung**
138 Seiten. DM 12,80

Collatz: **Differentialgleichungen**
Eine Einführung unter besonderer Berücksichtigung der Anwendungen.
5. Aufl. 226 Seiten. DM 18,80 (LAMM)

Collatz/Krabs: **Approximationstheorie**
Tschebyscheffsche Approximation mit Anwendungen. 208 Seiten. DM 26,80

Constantinescu: **Distributionen und ihre Anwendung in der Physik**
144 Seiten. DM 16,80

Grigorieff: **Numerik gewöhnlicher Differentialgleichungen**
Band 1: Einschrittverfahren. 202 Seiten. DM 13,80
Band 2: Mehrschrittverfahren

Hainzl: **Mathematik für Naturwissenschaftler**
311 Seiten. DM 29,— (LAMM)

Hilbert: **Grundlagen der Geometrie**
11. Aufl. VII, 271 Seiten. DM 16,80

Jaeger/Wenke: **Lineare Wirtschaftsalgebra**
Eine Einführung
Band 1: XVI, 174 Seiten. DM 16,— (LAMM)
Band 2: IV, 160 Seiten. DM 16,— (LAMM)

Kochendörffer: **Determinanten und Matrizen**
IV, 148 Seiten. DM 14,80 (Vertrieb nur in der BRD und West-Berlin)

Stiefel: **Einführung in die numerische Mathematik**
Eine Darstellung unter Betonung des algorithmischen Standpunktes
4. Aufl. 257 Seiten. DM 18,80 (LAMM)

Stummel/Hainer: **Praktische Mathematik**
299 Seiten. DM 26,80

Fortsetzung auf der 3. Umschlagseite

Informationstheorie

Eine Einführung

Von Dr. phil. F. Topsøe
Dozent an der Universität Kopenhagen

1974. Mit 22 Figuren und 21 Tabellen

B. G. Teubner Stuttgart

Dozent Dr. phil. Flemming Topsøe

Geboren 1938 in Aarhus. Von 1956 bis 1962 Studium der
Naturwissenschaften an den Universitäten in Kopenhagen
und Aarhus. 1962 Erlangung des Grades mag. scient. an der
Universität Aarhus. Von 1964 bis 1968 wissenschaftlicher
Assistent am Mathematischen Institut der Universität Kopenhagen, 1965/66 Studienaufenthalt in Cambridge/England.
1968 Ernennung zum Dozenten, 1971 Erlangung des Grades
Dr. phil. an der Universität Kopenhagen. Im Sommersemester
1973 Gastprofessor am Institut für Mathematische Stocha-
stik der Universität Freiburg im Breisgau.

ISBN 978-3-519-02048-6   ISBN 978-3-322-94886-1 (eBook)
DOI 10.1007/978-3-322-94886-1

Vorwort zur deutschen Ausgabe

Mit dem vorliegenden Büchlein soll eine erste Einführung in die Informationstheorie gegeben werden.

Der besondere Reiz der Informationstheorie liegt, so wie ich es sehe, in ihrer Durchsichtigkeit und darin, daß jeder, der sich mit diesem Gebiet befaßt, von wenigen einfachen Grundelementen ausgehend imstande sein wird, den Aufbau der Theorie selbst nachzuvollziehen. Diesen charakteristischen Zug habe ich besonders dadurch hervorzuheben versucht, daß ich einen in der existierenden Literatur sonst nicht benutzten Zugang zum Begriff der Entropiefunktion wählte. Dadurch möchte ich dem Leser einerseits vor Augen führen, auf welchen Voraussetzungen die Theorie selbst aufbaut und welche Grenzen den Anwendungsmöglichkeiten gezogen sind und andererseits zeigen, daß die entwickelte Theorie nicht die einzig mögliche ist, um die zur Diskussion stehenden Probleme zu lösen.

Anhand zahlreicher Beispiele, von denen viele aus nicht-mathematischen Gebieten, so z.B. der Nachrichtentechnik, der Biologie und der Medizin, entnommen sind, wird gezeigt, wie die gewonnenen theoretischen Ergebnisse zur Lösung spezifischer Probleme eingesetzt werden können.

Zum Verständnis des Buches sind außer den elementaren Kenntnissen der Mathematik, wie sie an höheren Schulen vermittelt werden, nur Grundkenntnisse der elementaren Wahrscheinlichkeitsrechnung (endliche Wahrscheinlichkeitsfelder) erforderlich.

Im Hinblick auf diese erforderlichen Vorkenntnisse hoffe ich, daß dieses Studienbuch nicht nur als eine erste Einführung in die Informationstheorie für entsprechende Hochschulvorlesungen, sondern auch in Arbeitsgemeinschaften der gymnasialen Oberstufe (Kollegstufe) nutzbringend verwendet werden kann.

Von verschiedener Seite habe ich bei der Erstellung der dänischen Ausgabe Hilfe erhalten. Vor allem danke ich Erik Bahn, Ole Caprani (besonders für die Ausarbeitung der Figuren 12b, 13a und 13b), Peder Voetmann-Christiansen, Sven Dorph, Adam Øigaard, Benny Karpatschof, Bent Pedersen und Henning Spang-Hanssen.

Gegenüber der dänischen Ausgabe wurde die deutsche Ausgabe in den Abschnitten 14 und 15 erweitert.

Für wertvolle Anregungen im Zusammenhang mit der Erstellung der deutschen Ausgabe danke ich Herrn Prof. Krickeberg, in dessen Vorlesungen (1960 an der Universität Aarhus) ich zum ersten Mal mit der Informationstheorie in Berührung kam. Darüber hinaus gilt mein Dank Fräulein A. Zassenhaus, die die deutsche Übersetzung anfertigte, sowie dem Verlag B. G. Teubner.

Kopenhagen, im Frühjahr 1974   Flemming Topsøe

Inhalt

I. Die Entropiefunktion

1. Einleitung, Formulierung des Problems

Die mathematische Disziplin, die heutzutage Informationstheorie heißt, wurde erst vor
25 Jahren durch den amerikanischen Ingenieur C. E. S h a n n o n begründet. Shannon
nannte seine bahnbrechende Arbeit „A mathematical theory of communication". Erst
später hat die Bezeichnung „Informationstheorie" Eingang gefunden. Diese Bezeichnung
ist nicht ganz zutreffend, denn sie kann höhere Erwartungen wecken als die Theorie
erfüllen kann. Es ist daher wichtig, darauf hinzuweisen, daß die Theorie nichts über die
Bedeutung, den Inhalt oder den Wert einer Mitteilung (einer „Information") aussagt. Sie
gibt nur Aufschluß über Zusammenhänge, die durch die statistische Struktur bestimmt
sind. Daher wird sich der große Unterschied, der in sprachlich-semantischer Hinsicht
zwischen Sätzen wie „Es besteht Aussicht auf Regen" und „Karthago ist gefallen" besteht, in einer informationstheoretischen Analyse nicht bemerkbar machen.

Die Theorie geht von folgendem Problem aus: Es bezeichne $\mathscr{F}$ einen Versuch. Bevor er
ausgeführt wird, herrscht U n s i c h e r h e i t oder U n b e s t i m m t h e i t über
seinen Ausgang. Wie können wir nun diese Unbestimmtheit messen?

Statt Unbestimmtheit gebraucht man das Wort E n t r o p i e [1]. Wir möchten eine
Zahl $H(\mathscr{F})$, die E n t r o p i e d e s V e r s u c h s $\mathscr{F}$, definieren, die ein Maß für die
Unbestimmtheit des Versuchs sein soll. Der am wenigsten unbestimmte Versuch, den
wir uns vorstellen können, ist der d e t e r m i n i s t i s c h e , dessen Ausgang von vornherein vorausgesagt werden kann. Einem solchen Versuch müssen wir die Entropie 0
zuschreiben. Im allgemeinen haben wir lediglich $H(\mathscr{F}) \geqslant 0$. Zunächst steht auch dem
nichts im Wege, sehr unbestimmte Versuche zuzulassen, denen man die Entropie ∞
gibt. Diese Betrachtungen zeigen, daß die Entropie die Relation

$$0 \leqslant H(\mathscr{F}) \leqslant \infty$$

erfüllen muß.

Um nun eine Verbindung zwischen den Begriffen Entropie und Information herzu-
stellen, wollen wir uns vorstellen, daß der Versuch zu einem Zeitpunkt t_0 anfängt und
zu einem Zeitpunkt t_1 aufhört. Zur Zeit t_0 haben wir keinerlei Information über den
Ausgang des Versuchs, und die Entropie ist $H(\mathscr{F})$. Im Zeitraum $[t_0, t_1]$ wird der Versuch ausgeführt, und aus dem Ablauf der Handlung in diesem Zeitraum ergibt sich, daß
wir den Ausgang zur Zeit t_1 kennen. Da der Ausgang des Versuchs nun nicht mehr
unbestimmt ist, so ist die Entropie zur Zeit t_1 gleich 0. Indem wir den Ausgang kennen-
lernen, gewinnen wir eine gewisse I n f o r m a t i o n s m e n g e . Es erscheint natürlich,
die gewonnene Informationsmenge durch den Verlust an Entropie zu messen, der $H(\mathscr{F})$

---

[1] Das Wort ist aus dem griechischen ἐντρέπειν = umwenden abgeleitet. Es wurde 1876
von Clausius eingeführt, um den Teil der Energie zu bezeichnen, der nicht ohne Wärme-
übertragung in mechanische Arbeit umgewandelt werden kann.

beträgt. Die Betrachtungen können in folgendem Schema (Tab. 1) kurz zusammengefaßt werden:

Tab. 1

Zeitpunkt	Entropie	Informationsmenge
t_0 („vorher")	$H(\mathscr{F})$	0
t_1 („nachher")	0	$H(\mathscr{F})$

Entropie und Information sind duale Begriffe. Man kann sagen, daß Entropie ein passiver Begriff ist, während Information ein aktiver Begriff ist, der mit dem Ablauf der Handlung verknüpft ist. Mit dieser Diskussion als Hintergrund stellen wir das folgende allgemeine Prinzip auf:

(1)   Die gewonnene Informationsmenge ist gleich dem Verlust an Entropie während des Ablaufs der Handlung.

Es darf den Leser nicht stören, daß wir die Bezeichnung $H(\mathscr{F})$ lange vor einer Definition dieser Größe eingeführt haben. Unser Ziel ist natürlich zu einer ordentlichen, handfesten Definition zu gelangen. Wenn wir uns Hoffnung machen wollen, dorthin zu kommen, müssen wir uns damit begnügen, eine mathematisch wohldefinierte Klasse von Versuchen zu behandeln. Wir entscheiden uns deshalb, Versuche zu betrachten, die durch ein Wahrscheinlichkeitsmodell beschrieben werden können. Außerdem wollen wir nur Versuche mit endlich vielen möglichen Ausgängen betrachten.

Auf diese Weise kann ein Versuch durch ein W a h r s c h e i n l i c h k e i t s f e l d (Ω, P) und eine K l a s s e n e i n t e i l u n g $(A_1, \ldots, A_n)$ des Ergebnisraums in n Ereignisse, die den n möglichen Ausgängen des Versuchs entsprechen, beschrieben werden[1]. Mit $p = (p_1, \ldots, p_n)$ bezeichnen wir den zugehörigen W a h r s c h e i n - l i c h k e i t s v e k t o r, also

$$p_i = P(A_i); \quad i = 1, \ldots, n.$$

Gelegentlich nennen wir p die zu dem Versuch gehörende V e r t e i l u n g.

Beispiel 1. Es bezeichne $\mathscr{F}_1$ das Werfen einer Münze. Der Versuch hat die Ausgänge „Zahl" und „Adler." Wir nehmen an, daß diese beiden Möglichkeiten gleich wahrscheinlich sind.

$\mathscr{F}_2$ bezeichne den Versuch, der darin besteht, das Geschlecht eines neugeborenen Kindes zu bestimmen. Die beiden möglichen Ausgänge „Mädchen" und „Junge" werden als gleich wahrscheinlich angesehen.

---

[1] Man beachte, daß das Wort Klasseneinteilung hier in einer etwas anderen Bedeutung als sonst üblich benutzt wird, nämlich als g e o r d n e t e Menge von Ereignissen. Wie üblich setzen wir voraus, daß die Ereignisse nicht leer und paarweise disjunkt sind mit der Vereinigungsmenge Ω. Die Wahrscheinlichkeitsfelder, die in diesem Buch auftreten, können alle als endlich vorausgesetzt werden. Wir können daher annehmen, daß a l l e Teilmengen von Ω Ereignisse sind und werden daher nicht in Meßbarkeitsschwierigkeiten kommen.

Die Versuche $\mathscr{F}_1$ und $\mathscr{F}_2$ sind von verschiedener Art, sie haben jedoch etwas gemeinsam. Selbst wenn es vielleicht naheliegend wäre, diese Versuche mit Hilfe verschiedener Wahrscheinlichkeitsfelder zu beschreiben, so würden wir doch in beiden Fällen die Verteilung $\mathbf{p} = \left(\frac{1}{2}, \frac{1}{2}\right)$ finden.

In der Theorie, die wir aufbauen, dürfen wir die Natur des Versuchs nicht in Betracht ziehen; die Ausgangsbasis besteht ausschließlich aus den zu dem Versuch gehörenden Wahrscheinlichkeiten, d.h. wir haben in dem obigen Beispiel

$$H(\mathscr{F}_1) = H(\mathscr{F}_2).$$

Die Entropie hängt also bei dem Versuch $\mathscr{F}$ nur von der Verteilung $\mathbf{p}$ ab. Deshalb hat es Sinn, von der E n t r o p i e $H(\mathbf{p}) = H(p_1, \ldots, p_n)$ v o n W a h r s c h e i n l i c h - k e i t s v e k t o r e n $\mathbf{p}$ zu sprechen.

Zwei Wahrscheinlichkeitsvektoren, die Permutationen voneinander sind, wird die gleiche Entropie zugeschrieben. Deshalb gilt $H\left(\frac{3}{4}, \frac{1}{4}\right) = H\left(\frac{1}{4}, \frac{3}{4}\right)$. Dies drückt nur aus, daß wir der Reihenfolge, in der wir die möglichen Ausgänge des Versuchs angeordnet haben, keine Bedeutung beimessen.

Ein Versuch $\mathscr{F}$ kann auch anders als durch eine Klasseneinteilung beschrieben werden, nämlich durch ein Wahrscheinlichkeitsfeld (Ω, P) und eine auf Ω definierte zufällige Variable X, die nur endlich viele Werte annimmt. Wir bezeichnen diese Werte durch $x_1, \ldots, x_n$, und durch $\mathbf{p} = (p_1, \ldots, p_n)$ den Wahrscheinlichkeitsvektor, der durch

$$p_i = P(\{\omega \mid X(\omega) = x_i\}), \quad i = 1, \ldots, n,$$

gegeben ist. Statt $H(\mathscr{F})$ schreiben wir oft $H(X)$. $H(X)$ ist die E n t r o p i e d e r z u - f ä l l i g e n V a r i a b l e n X. Sie hängt nur von dem Wahrscheinlichkeitsvektor $\mathbf{p}$ ab. Daher gilt z.B.:

$$H(X) = H(-X) = H(X + \text{const}).$$

Man kann von der einen Art der Beschreibung eines Versuchs leicht zur anderen übergehen. Wenn $\mathscr{F}$ durch die Klasseneinteilung $(A_1, \ldots, A_n)$ beschrieben wird, so kann $\mathscr{F}$ auch durch die zufällige Variable

$$X(\omega) = \begin{cases} 1 & \text{für } \omega \in A_1 \\ 2 & \text{für } \omega \in A_2 \\ \vdots \\ n & \text{für } \omega \in A_n \end{cases}$$

beschrieben werden. Ist $\mathscr{F}$ durch die zufällige Variable X gegeben, so kann $\mathscr{F}$ dann auch durch die Klasseneinteilung $(A_1, \ldots, A_n)$ charakterisiert werden, wobei

$$A_i = \{\omega \mid X(\omega) = x_i\}; \quad i = 1, \ldots, n.$$

In Fig. 1 veranschaulichen wir diesen Übergang, wobei wir dort andeuten, daß X eine reellwertige Funktion ist. Indessen spielt die Struktur von **R** überhaupt keine Rolle, u.a. deshalb, weil X nur endlich viele Werte annehmen kann und es zweckmäßig ist, als Wertebereich von X eine beliebige abstrakte Menge zuzulassen. Eine Situation, wo dies besonders bequem ist, liegt bei einem zusammengesetzten Versuch vor. Wenn z.B. der Versuch darin besteht, einen Würfel und eine Münze zu werfen, so ist es günstig, ihn durch eine zufällige Variable zu beschreiben, deren Wertebereich aus allen Paaren (i, j) mit $i = 1, \ldots, 6$ und $j = 0,1$ besteht.

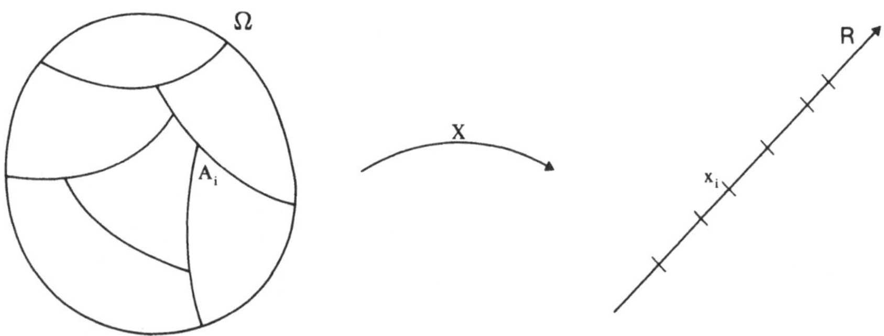

Fig. 1

Wir hatten uns entschlossen, nur Versuche zu betrachten, die durch ein Wahrscheinlichkeitsmodell beschrieben werden können. Es ist wichtig, sich darüber klar zu werden, daß diese Wahl eine Einschränkung der Anwendungsmöglichkeiten mit sich bringt. Wir weisen insbesondere darauf hin, daß man die Wahrscheinlichkeitstheorie vernünftigerweise nur auf Erscheinungen von stark repetitivem Charakter anwenden kann, d.h. auf Erscheinungen, die sich viele Male unabhängig und unter gleichen Bedingungen wiederholen lassen. In der Regel gibt es nur unter dieser Voraussetzung eine wohldefinierte Verteilung **p**. Auf einem anderen Blatt steht, daß es ziemlich schwierig sein kann, **p** wirklich zu bestimmen. Wir werden jedoch meist annehmen, daß **p** von vornherein gegeben ist.

Zusammenfassend können wir sagen, daß das Problem, das wir uns gestellt haben, darin besteht, jedem Wahrscheinlichkeitsvektor **p** eine Zahl H(**p**) zuzuordnen, die als die Unbestimmtheit eines Versuchs mit der Verteilung **p** gedeutet werden kann. Die Funktion **p** ↷ H(**p**), die wir suchen, heißt die E n t r o p i e f u n k t i o n .

Aufgaben. 1. In einem Tiefseegebiet interessieren wir uns für dort vorkommende 52 verschiedene biologische Arten. Frühere Proben haben gezeigt, daß alle Arten mit derselben Häufigkeit auftreten. Ein Versuch besteht darin, ein einzelnes Individuum einer dieser Arten in diesem Gebiet aufzusammeln. Dieser Versuch kann durch die zufällige Variable

X = Art des aufgesammelten Individuums

beschrieben werden.

Ein anderer Versuch bestehe darin, zufällig eine Spielkarte auszuwählen. Wir können ihn beschreiben durch

$$Y = \text{Art der ausgewählten Karte.}$$

Was läßt sich über das Verhältnis von H(X) zu H(Y) sagen?

2. Können wir erwarten, daß die Formel H(X) = H(|X|) immer gilt?

2. Die wirkliche und die ideelle Entropie

Es gibt mindestens drei Wege, auf denen wir zu einer Definition der Entropiefunktion gelangen können:

1. den direkten Weg, bei dem wir einfach die Definition

$$H(p_1, \ldots, p_n) = - \Sigma \, p_i \log p_i$$

hinschreiben;

2. den axiomatischen, wo wir versuchen, H durch Eigenschaften festzulegen, von denen wir annehmen, daß H sie haben müßte;

3. den deskriptiven, der von einer Interpretation von H ausgeht.

Von diesen Methoden ist die zuletzt erwähnte bei weitem vorzuziehen, denn was nützt es, wenn man eine Entropiefunktion hat, mit der man arbeiten soll, wenn man nicht weiß, was sie bedeutet, so daß man die Resultate nicht interpretieren kann? Es ist daher verwunderlich, daß alle Darstellungen der Informationstheorie, soweit sie dem Verfasser bekannt sind, eine der ersten beiden Methoden benutzen; in der Regel wird allerdings später eine Interpretation von H gegeben.

Wir wollen nun versuchen, zu einer Definition von H zu gelangen. Wir stellen uns vor, daß der Versuch $\mathscr{F}$ ausgeführt wurde und daß eine Person A weiß, wie er ausgegangen ist, während eine Person B nicht über dieses Wissen verfügt. Wieviel ist nun das Wissen von A wert, verglichen mit dem Mangel an Wissen von B? Anders gesagt, wieviel Anstrengung wird es B kosten, um sein Wissen auf dasselbe Niveau wie das von A zu bringen? Wir können versuchen, diese Anstrengung durch etwas wie z.B. die Z e i t , die B brauchen wird, zu messen. Das Problem ist dann, eine vernünftige und wohldefinierte Handlungsweise, der B folgen soll, zu finden. Eine erste Annäherung an eine Definition sieht so aus:

> H = Anzahl der Fragen an A, die B stellen muß, um den tatsächlichen Ausgang
> zu finden.

Hierbei denken wir an ja/nein-Fragen.

Beispiel 1. p = (1, 0, . . . , 0), dem deterministischen Versuch entsprechend. Hier braucht B überhaupt keine Fragen zu stellen, weil er den Ausgang von vornherein kennt. Daher ist die Entropie in diesem Falle H = 0.

Beispiel 2. $p = \left(\frac{1}{2}, \frac{1}{2}\right)$, z.B. den beiden Ausgängen „gerade" und „ungerade" entsprechend. Da B nur die eine Frage „Ist es gerade?" zu stellen braucht, um den Ausgang zu erfahren, so ergibt unsere vorläufige Definition H = 1.

In beiden Beispielen hätte B natürlich eine Menge irrelevanter Fragen stellen können. Wir sehen daher, daß wir als eine erste Korrektur der Definition noch hinzufügen müssen, daß die Fragen auf optimale Weise gestellt werden, d.h. B soll sowenig Fragen wie möglich verwenden.

Beispiel 3. $p = \left(\frac{1}{2}, \frac{1}{4}, \frac{1}{4}\right)$, z.B. den Ausgängen „Rot", „Kreuz" und „Pik" entsprechend. Hier wäre es natürlich, zuerst zu fragen, „Ist es Rot?" Ist die Antwort nein, so müssen wir noch eine Frage stellen, z.B. „Ist es Kreuz?" Wir brauchen also eine Frage beim Ausgang „Rot" und sonst zwei Fragen.

Dieses Beispiel zeigt, daß man die vorläufige Definition vernünftigerweise dahingehend korrigiert, daß man von der d u r c h s c h n i t t l i c h e n Anzahl der Fragen spricht. Im Beispiel wäre das

$$H = \frac{1}{2} \cdot 1 + \frac{1}{4} \cdot 2 + \frac{1}{4} \cdot 2 = 1\,\frac{1}{2}\,.$$

Beispiel 4. $p = (\epsilon, 1 - \epsilon)$, ϵ eine kleine positive Zahl, z.B. den Ausgängen „Joker" und „nicht Joker" entsprechend. Mit der Definition, zu der wir bisher gelangt sind, bekommen wir

$$H = \epsilon \cdot 1 + (1 - \epsilon) \cdot 1 = 1,$$

gleichgültig, wie klein ϵ ist.

Dieses Beispiel scheint darauf hinzudeuten, daß mit unserer Definition etwas noch nicht stimmt. Eigentlich ist das jedoch nicht der Fall, nur ist die Größe, zu der wir gelangt sind, nicht diejenige, die man normalerweise Entropie nennt und durch H bezeichnet. Wir wollen daher die Bezeichnung H_0 verwenden und H_0 die w i r k l i c h e E n t r o - p i e nennen. Wir sind also zu der folgenden D e f i n i t i o n gelangt:

(2) H_0 = durchschnittliche Anzahl von Fragen, die B an A richten muß, um den tatsächlichen Ausgang zu erfahren, wenn die Fragen auf optimale Weise gestellt werden.

Das „wirkliche" in H_0 liegt darin, daß wir nur e i n e Ausführung des Versuchs $\mathscr{F}$ im Auge haben. Um zu der üblichen Entropie zu gelangen, die wir auch die i d e e l l e E n t r o p i e nennen wollen, werden wir uns ansehen, was geschieht, wenn wir den Versuch mehrere Male ausführen.

Wir führen die Bezeichnung $\mathscr{F}^k$ ein für den Versuch, der aus k voneinander unabhängigen Ausführungen von $\mathscr{F}$ besteht. Wir nehmen an, daß $\mathscr{F}$ durch ein Wahrscheinlichkeitsfeld (Ω, P) und eine, sagen wir gewöhnliche, zufällige Variable $X: \Omega \to \mathbf{R}$, die Werte $x_1, \ldots, x_n$ mit Wahrscheinlichkeiten $p_1, \ldots, p_n$ annimmt, beschrieben wird. Aus der Wahrscheinlichkeitstheorie ist bekannt, wie man dann ein Modell für $\mathscr{F}^k$ konstruiert.

Hierzu bildet man zunächst ein Wahrscheinlichkeitsfeld (Ω^k, P)[1] und k unabhängige identisch verteilte zufällige Variable $X_1, \ldots, X_k$ auf Ω^k mit derselben Verteilung wie X. Als Modell für $\mathscr{F}^k$ dient uns dann die durch

$$X^{(k)}(\omega) = (X_1(\omega), \ldots, X_k(\omega)); \; \omega \in \Omega^k$$

definierte zufällige Variable $X^{(k)}: \Omega^k \to \mathbf{R}^k$. Sie kann n^k verschiedene Werte annehmen mit den zugehörigen Wahrscheinlichkeiten

$$P\{\omega \in \Omega^k \,|X^{(k)}(\omega) = (x_{i_1}, \ldots, x_{i_k})\} = p_{i_1} \cdot \ldots \cdot p_{i_k}.$$

Die wirkliche Entropie $H_0(\mathscr{F}^k)$ des zusammengesetzten Versuchs $\mathscr{F}^k$ gibt dann die durchschnittliche Anzahl von Fragen an, die man braucht, um den Ausgang sowohl des ersten als auch des zweiten, dritten usw. bis k-ten Versuchs zu erfahren. Daher kann die Größe $H_0(\mathscr{F}^k)/k$ interpretiert werden als die Anzahl von Fragen, die man pro Einzelversuch benötigt.

Der Leser wird nun die Idee der folgenden D e f i n i t i o n d e r i d e e l l e n E n t r o p i e verstehen:

$$(3) \qquad H(\mathscr{F}) = \lim_{k \to \infty} \frac{1}{k} H_0(\mathscr{F}^k).$$

Es gilt die Ungleichung

$$(4) \qquad H(\mathscr{F}) \leqslant H_0(\mathscr{F}).$$

Um das einzusehen, bestimmen wir zunächst eine zu $\mathscr{F}$ gehörende optimale F r a g e - s t r a t e g i e σ. Damit meinen wir, daß wir im Durchschnitt $H_0(\mathscr{F})$ Fragen brauchen, wenn wir die Strategie σ anwenden, um den Ausgang von $\mathscr{F}$ zu erfahren. Wir halten nun k fest. Um den Ausgang des zusammengesetzten Versuchs $\mathscr{F}^k$ zu erfahren, haben wir die Möglichkeit, die Strategie σ bei jedem Einzelversuch zu gebrauchen. Wir wenden σ zunächst an, um den Ausgang der ersten Ausführung von $\mathscr{F}$ zu finden. Hierzu benötigen wir durchschnittlich $H_0(\mathscr{F})$ Fragen. Wenn der Ausgang der ersten Ausführung von $\mathscr{F}$ feststeht, machen wir uns daran, den der zweiten Ausführung zu bestimmen. Hierzu wenden wir wieder die Strategie σ an und brauchen durchschnittlich $H_0(\mathscr{F})$ Fragen. Auf diese Weise fahren wir fort, bis die Ausgänge aller k Ausführungen von $\mathscr{F}$ bekannt sind. Insgesamt haben wir durchschnittlich $k \cdot H_0(\mathscr{F})$ Fragen benötigt. Mit Hilfe dieser Fragen haben wir also den Ausgang von $\mathscr{F}^k$ bestimmt. Die angewandte Strategie braucht jedoch nicht optimal für $\mathscr{F}^k$ zu sein, und wir können daher nur schließen

$$H_0(\mathscr{F}^k) \leqslant k \cdot H_0(\mathscr{F}).$$

Indem wir diese Ungleichung durch k dividieren und (3) anwenden, erhalten wir (4).

Die tiefere Bedeutung der Definition (3) versteht man vielleicht am besten anhand des Beispiels 5, das auch zeigt, daß in (4) durchaus das Kleinerzeichen gelten kann. Das bedeutet, daß die Strategie, die darin besteht, nacheinander die Ausgänge der einzel-

---

[1] Wir halten es für zweckmäßig, die Abhängigkeit von k in der Wahrscheinlichkeitsfunktion nicht zum Ausdruck kommen zu lassen.

nen Versuche zu bestimmen, keineswegs für den zusammengesetzten Versuch optimal zu sein braucht.

Beispiel 5. $p = \left(\frac{3}{4}, \frac{1}{4}\right)$, was z.B. den Ausgängen „allgemeine Karte" (a) und „Trumpf" (t) entspricht. Wir wollen die ersten Glieder der Zahlenfolge $(H_0(\mathscr{F}^k)/k)_{k \geqslant 1}$ berechnen. Für $k = 1$ haben wir $H_0(\mathscr{F}) = 1$.

Für $k = 2$ betrachten wir das Wahrscheinlichkeitsschema (Tab. 2) für $\mathscr{F}^2$:

Tab. 2

Ausgang	Wahrscheinlichkeit
a a	$9 \cdot 4^{-2}$
a t	$3 \cdot 4^{-2}$
t a	$3 \cdot 4^{-2}$
t t	$1 \cdot 4^{-1}$

$$\mathscr{F}^2$$

Wir sehen, daß man vernünftigerweise zuerst fragt „Ist es aa?" Lautet die Antwort ja, so haben wir den Ausgang bestimmt. Lautet sie nein, so müssen wir noch eine Frage stellen, z.B. „Ist es at?" Antwortet man mit ja, so haben wir den Ausgang gefunden. Antwortet man mit nein, so können wir den Ausgang mit Hilfe der Frage „Ist es ta?" ermitteln. Die durchschnittliche Anzahl von Fragen wird dann

$$4^{-2} (9 \cdot 1 + 3 \cdot 2 + 3 \cdot 3 + 1 \cdot 3) = \frac{27}{16} \; .$$

Man kann beweisen, daß dies optimal ist (s. Beispiel 1 Abschn. 5), d.h.

$$H_0(\mathscr{F}^2) = \frac{27}{16} \; .$$

Für $k = 3$ kann man zuerst fragen „Ist es aaa?" Lautet die Antwort nein, so fragt man „Ist es aat oder ata?" Wir überlassen es dem Leser, den Rest der Fragestrategie zu finden. Macht man es richtig, so findet man, daß man in den einzelnen Fällen die in dem folgenden Schema (Tab. 3) angegebenen Anzahlen von Fragen braucht:

Tab. 3

Ausgang	Wahrscheinlichkeit	Anzahl der Fragen
a a a	$27 \cdot 4^{-3}$	1
a a t	$9 \cdot 4^{-3}$	3
a t a	$9 \cdot 4^{-3}$	3
t a a	$9 \cdot 4^{-3}$	3
t t a	$3 \cdot 4^{-3}$	5
t a t	$3 \cdot 4^{-3}$	5
a t t	$3 \cdot 4^{-3}$	5
t t t	$1 \cdot 4^{-3}$	5

$$\mathscr{F}^3$$

Dies gibt den durchschnittlichen Wert

$$4^{-3}\,(27 \cdot 1 + 9 \cdot 3 + 9 \cdot 3 + 9 \cdot 3 + 3 \cdot 5 + 3 \cdot 5 + 3 \cdot 5 + 1 \cdot 5) = \frac{158}{64}.$$

Es läßt sich zeigen, daß dies gerade die wirkliche Entropie $H_0(\mathcal{F}^3)$ ist (s. Beispiel 2 Abschn. 5).

Wir können nun leicht die ersten drei Glieder der Folge $H_0(\mathcal{F}^k)/k$ ausrechnen. Wendet man das Resultat eines der folgenden Kapitel an, so lassen sich mit etwas Rechenarbeit auch die drei nächsten Glieder bestimmen (s. Abschn. 5 Beispiel 3 und Aufgabe 8). Auf drei Dezimalen genau sind die sechs ersten Glieder

$$1{,}000 \quad 0{,}844 \quad 0{,}823 \quad 0{,}818 \quad 0{,}818 \quad 0{,}815.$$

Aus einem späteren Resultat erhält man leicht die ideelle Entropie. Auf drei Dezimalen genau ist sie

$$H(\mathcal{F}) = 0{,}811\,.$$

Wird ein Versuch nacheinander immer wieder ausgeführt, dann werden wir oft sagen, daß wir es mit einer I n f o r m a t i o n s q u e l l e zu tun haben. Die Quelle erzeugt N a c h r i c h t e n , die die Resultate der einzelnen Versuche sind. Als Beispiel können wir uns vorstellen, daß eine Person alle 10 Sekunden einen Würfel wirft. Werden die Würfe unabhängig voneinander ausgeführt, so ist die Entropie H ein Maß für die Informationsmenge pro Mitteilung (oder pro Wurf).

Als andere Informationsquelle können wir die Buchstaben in einer Zeitung nennen. Eine einzelne Mitteilung ist also ein einzelner Buchstabe. Obwohl es klar ist, daß die Voraussetzung der Unabhängigkeit hier nicht erfüllt ist, sprechen wir auch hier von einer Informationsquelle. Allerdings bewirkt die Abhängigkeit, daß H in diesem Fall nicht als ein gutes Maß für die Informationsmenge pro Buchstabe angesehen werden kann (Näheres hierzu s. in Abschn. 10).

Aufgaben. 1. Wenn wir im Beispiel 3 als erste Frage gewählt hätten „Ist es Kreuz? ", wie viele Fragen hätten wir dann im Durchschnitt benötigt?

2. Man berechne $H_0(p)$ für

$$p = 10^{-1}\,(3, 3, 3, 1)\,.$$

3. Das folgende Spiel ist sicherlich wohl bekannt: A denkt sich etwas, B soll mit möglichst wenigen Fragen (in der Regel $\leqslant 20$) erraten, was A sich gedacht hat. Man diskutiere, wieweit unsere bisherigen Überlegungen für dieses Spiel relevant sind.

3. Codes und Codebäume

Es ist natürlich nicht von vornherein klar, daß die ideelle Entropie eines Versuchs $\mathcal{F}$ wohldefiniert ist, d.h. daß der in (3) gegebene Grenzwert existiert. Im Grunde genommen ist es noch nicht einmal ganz klar, was man mit der Definition der wirklichen

Entropie (Definition (2)) meint, denn darin betrachten wir sämtliche Fragestrategien, und obgleich wir intuitiv wissen, was damit gemeint ist, hat die Definition doch noch nicht die Form, die sich unmittelbar für eine mathematische Behandlung eignen würde.

Um diese Schwierigkeiten zu überwinden, geben wir jetzt die Umgangssprache, die wir bisher verwendet haben, auf. Wir werden mit b i n ä r e n Z i f f e r n 0 und 1 anstelle von „nein" und „ja" arbeiten und anstatt der „Art und Weise Fragen zu stellen" (Fragestrategie) benutzen wir den Begriff eines C o d e .

Es ist bequem, zunächst die Menge 2_∞ einzuführen, die aus sämtlichen endlichen Folgen besteht, die sich aus den binären Ziffern 0 und 1 bilden lassen. Die leere Folge soll n i c h t zu 2_∞ gehören. Jedes Element von 2_∞ heißt ein W o r t . Wörter sind also aus den Ziffern 0 und 1 aufgebaut, und wir sagen, daß 0 und 1 das C o d e a l p h a b e t bilden. Ab und zu nennt man 0 und 1 die B u c h s t a b e n des Alphabets.

Die L ä n g e eines Wortes μ ist die Anzahl der binären Ziffern, aus denen μ besteht, und wird durch $|\mu|$ bezeichnet. Die Wörter der Länge $\leqslant 3$ sind in Tab. 4 zusammengestellt.

Tab. 4

$|\mu| = 1$	$|\mu| = 2$	$|\mu| = 3$
0	00	000
1	01	001
	10	010
	11	100
		011
		101
		110
		111

Wir sagen, daß das Wort μ_1 ein P r ä f i x eines Wortes μ_2 sei, wenn $|\mu_1| < |\mu_2|$ und wenn der Anfang von μ_2 mit μ_1 identisch ist. Z.B. ist 01 ein Präfix von 01000, aber nicht von 00000.

Die Idee, die hinter der folgenden Definition eines Codes steht, kann leicht aus der folgenden Betrachtung eingesehen werden: Gegeben sei eine Fragestrategie für die Klasseneinteilung $(A_1, \ldots, A_n)$. Wir nehmen an, daß wir z.B. 5 Fragen brauchen, um den Ausgang zu bestimmen, der A_1 sein möge; die Antworten auf die 5 Fragen in diesem Fall seien etwa ja, ja, nein, ja, nein. Da 0 dem Nein und 1 dem Ja entspricht, so ist es natürlich, A_1 das Wort 11010 zuzuordnen.

Definition. Es sei $\mathscr{A} = (A_1, \ldots, A_n)$ eine Klasseneinteilung des Ergebnisraumes Ω. Unter einem Code κ von $\mathscr{A}$ verstehen wir eine injektive Abbildung, die jedem Ereignis A_i ein Wort $\kappa(A_i) \in 2_\infty$ zuordnet. Wir verlangen ferner, daß keines der Wörter $\kappa(A_1), \ldots, \kappa(A_n)$ Präfix eines anderen Wortes ist (Präfixeigenschaft).

Wir bemerken, daß die Wahrscheinlichkeitsfunktion P in der Definition eines Codes keine Rolle spielt. Wir können daher von einem Code auch in solchen Situationen sprechen, wo keine Wahrscheinlichkeitsfunktion vorliegt.

Wir werden einen Code oft durch eine Tabelle, ein sogenanntes C o d e b u c h, darstellen, d.h. durch ein Schema, in dem in einer Spalte die Ereignisse (Nachrichten) und in einer anderen Spalte die zugehörigen Codewörter stehen. Als Beispiel eines Codebuchs können wir das Morsealphabet nennen, wo wir 0 statt „Punkt" und 1 statt „Strich" lesen.

Von den 5 Vorschlägen für ein Codebuch in Tab. 5 sind nur κ_3, κ_4 und κ_5 brauchbar, denn κ_1 ist nicht injektiv und κ_2 hat nicht die Präfixeigenschaft.

Tab. 5

	κ_1	κ_2	κ_3	κ_4	κ_5
A_1	00	0	00	010	1
A_2	10	01	01	011	01
A_3	110	001	10	101	001
A_4	00	000	11	11	000

Es ist nicht schwer, den Zusammenhang zwischen Fragestrategien und Codes in den Einzelheiten zu erörtern. Wenn wir z.B. ein Verfahren haben, um Fragen zu stellen, die der Klasseneinteilung $\mathscr{A} = (A_1, \ldots, A_n)$ entsprechen, so konstruieren wir den zugehörigen Code κ folgendermaßen: Die erste Ziffer von $\kappa(A_i)$ setzen wir gleich 1 bzw. 0, je nachdem ob die Antwort auf die erste Frage „ja" bzw. „nein" ist, falls A_i eintritt. Wenn man, falls A_i eintritt, nur eine Frage zu stellen braucht, so haben wir das Codewort $\kappa(A_i)$ bereits gefunden. Braucht man dagegen mehrere Fragen, so setzen wir die zweite Ziffer in $\kappa(A_i)$ gleich 1 bzw. 0, je nachdem die Antwort auf die zweite Frage „ja" bzw. „nein" lautet, falls A_i eintritt. Auf diese Weise fahren wir fort, bis der ganze Code festgelegt ist.

Wenn uns ein Code gegeben ist, so können wir als erste Frage der zugehörigen Fragestrategie stellen: „Ist die erste Ziffer des Codeworts für das eingetretene Ereignis gleich 1?" Es ist klar, wie wir fortfahren können.

Beispiel 1. Wenn wir den Ausgängen „Rot", „Kreuz" und „Pik" entsprechend die Fragen wie im Beispiel 3 in Abschn. 2 stellen, so bekommen wir den Code von Tab. 6.

Tab. 6

Rot	1
Kreuz	01
Pik	00

Beispiel 2. Zu dem in Tab. 5 angegebenen Code κ_5 finden wir die Fragestrategie: 1. Ist es A_1? 2. (wenn nein auf 1.): Ist es A_2? 3. (wenn nein auf 2.): Ist es A_3?

Unsere Codes haben eine wichtige und angenehme Eigenschaft. Wir stellen uns vor, daß wir den Versuch $\mathscr{F}$ zu den Zeiten $t = 1, 2, \ldots$ ausführen, und daß wir laufend eine Mitteilung über den Ausgang jedes einzelnen Versuchs in Codeform erhalten vermöge eines bestimmten zu $\mathscr{F}$ gehörenden Codes κ. Da kein Codewort Präfix eines anderen ist, so sind wir nie im Zweifel darüber, wo ein Codewort aufhört und das nächste anfängt. Jede mit Hilfe des Code gegebene Mitteilung kann daher auf eindeutige Weise d e c o d i e r t oder e n t z i f f e r t werden. Wir sagen, der Code sei e i n d e u t i g e n t z i f f e r - b a r . Wenn wir z.B. den Code der Tab. 6 benutzen und die Folge

$$11100101100$$

empfangen, so kann dies nur den Ausgängen

Rot, Rot, Rot, Pik, Rot, Kreuz, Rot, Pik

entsprechen.

Es sei $\mathscr{F}$ ein durch das Wahrscheinlichkeitsfeld (Ω, P) und die Klasseneinteilung $\mathscr{A} = (A_1, \ldots, A_n)$ von Ω beschriebener Versuch. Ist σ eine Fragestrategie für $\mathscr{F}$ und κ ein entsprechender Code, dann kann die durchschnittliche Anzahl von Fragen, die wir zur Bestimmung des Ausgangs von $\mathscr{F}$ brauchen, wenn wir die Strategie σ anwenden, mittels κ ausgedrückt werden, denn sie ist offenbar gleich

$$\Sigma \, p_i \cdot |\kappa(A_i)|.$$

Diese Zahl heißt die m i t t l e r e L ä n g e des Codes und wird durch $E(|\kappa|)$ bezeichnet, also

$$E(|\kappa|) = \sum_i p_i \cdot |\kappa(A_i)|.$$

Wir können nun die frühere Definition (2) von H_0 in präziser, mathematisch exakter Form angeben. Um triviale Bemerkungen zu vermeiden (s. Aufgabe 3), werden wir von jetzt an, soweit nichts anderes gesagt wird, voraussetzen, daß alle Wahrscheinlichkeiten $p_i = P(A_i)$ positiv sind.

Definition. Es sei (Ω, P) ein Wahrscheinlichkeitsfeld und $\mathscr{A} = (A_1, \ldots, A_n)$ eine Klasseneinteilung von Ω, die ein Modell für $\mathscr{F}$ darstellt. $H_0(\mathscr{F})$, die wirkliche Entropie von $\mathscr{F}$, ist die minimale mittlere Länge eines Codes κ von $\mathscr{A}$, d.h.

$$(5) \qquad H_0(\mathscr{F}) = \min_{\kappa \, \text{Code}} \; E(|\kappa|).$$

Man könnte einwenden, daß man in (5) korrekterweise das Infimum anstelle des Minimum schreiben müßte. Es ist jedoch ziemlich klar, und wird sich später auch ergeben, daß das Infimum angenommen wird, so daß wir Minimum schreiben dürfen. Es gibt also immer, gleichgültig welchen Versuch wir betrachten, einen Code κ_0, so daß für jeden anderen Code κ gilt $E(|\kappa|) \geqslant E(|\kappa_0|)$. Ein derartiger Code κ_0 wird ein o p t i m a - l e r C o d e für $\mathscr{F}$ genannt. Ein optimaler Code ist nicht eindeutig bestimmt; ganz im Gegenteil haben die meisten Versuche wesentlich verschiedene o p t i m a l e Codes.

Es ist bequem, den Begriff C o d e b a u m einzuführen, unter anderem, um die Minimierungsaufgabe zu lösen, die in der Definition (5) enthalten ist. Mit Hilfe des Codebaums kann man sich einen Überblick über die Struktur eines Codes verschaffen, den man aus dem Codebuch nicht so leicht erhält. Statt eine ausführliche Definition zu geben, sehen wir uns ein Beispiel an.

Beispiel 3. In Fig. 2 ist der Codebaum zum Code κ_4 von Tab. 5 angegeben.

Wir sehen, daß man den Codebaum vom „Basispunkt" $\mathscr{O}$ aufbaut, indem man 0 durch eine Linie nach links und 1 durch eine Linie nach rechts darstellt. Jede Ecke des Codebaums kann nun durch eine 0, 1-Folge bezeichnet werden (s. Fig. 2). Die Endpunkte des Codebaums entsprechen dann den Codewörtern $\kappa(A_1)$, $\kappa(A_2)$, $\kappa(A_3)$, $\kappa(A_4)$.

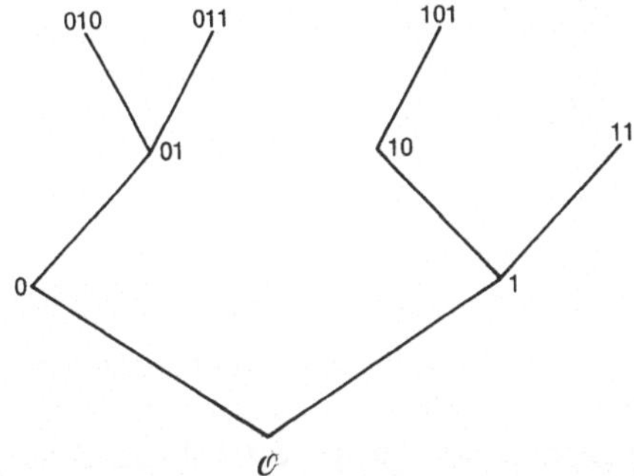

Fig. 2

Das Beispiel zeigt ferner, wie man aus dem Codebaum einen Code konstruiert. Wir sehen, daß ein eineindeutiger Zusammenhang zwischen Codes und Codebäumen besteht. Man beachte, daß gerade die Forderung, daß kein Codewort Präfix eines anderen Codewortes sei, es sicherstellt, daß kein „innerer" Punkt des Codebaums, d.h. eine Ecke, die kein Endpunkt ist, einem Codewort entspricht.

Unter einer G a b e l in einem Codebaum verstehen wir ein System von drei Punkten (a, A, B) des Codebaums, wobei A und B Endpunkte sind und wobei man von a sowohl nach A als auch nach B in einem Schritt gelangen kann, etwa nach A in einem Schritt nach links und nach B in einem Schritt nach rechts. Z.B. ist (01, 010, 011) eine Gabel (übrigens die einzige) in dem Codebaum von Fig. 2. Unter einem Z u s a m m e n - k l a p p e n eines Codebaums verstehen wir den Prozeß, der eine Gabel (a, A, B) durch den einzigen Punkt a ersetzt. Hierdurch erhalten wir einen neuen Codebaum, worin a nun ein Endpunkt ist. Den umgekehrten Prozeß zum Zusammenklappen nennen wir ein A u f k l a p p e n.

In dem Codebaum von Fig. 2 können wir ein einziges Zusammenklappen vornehmen. Der so entstandene neue Codebaum läßt sich nicht weiter zusammenklappen.

Ein Codebaum, den man durch wiederholtes Zusammenklappen bis auf den trivialen Codebaum, der nur aus dem Basispunkt $\mathscr{O}$ besteht, zusammenklappen kann[1], heißt vollständig zusammenklappbar. Einen vollständig zusammenklappbaren Codebaum kann man durch wiederholtes Aufklappen aus dem trivialen Codebaum bekommen.

Beispiel 4. Der dem Code κ_5 der Tab. 5 entsprechende Codebaum ist vollständig zusammenklappbar. Fig. 3 illustriert, wie man daraus den trivialen Codebaum durch wiederholtes Zusammenklappen erhält. Liest man die Figur von rechts nach links, so sieht

---

[1] Obwohl zu diesem trivialen Baum kein Code gehört, nennen wir ihn doch einen Codebaum.

man, wie man den ursprünglichen Codebaum aus dem trivialen durch wiederholtes Aufklappen bekommt.

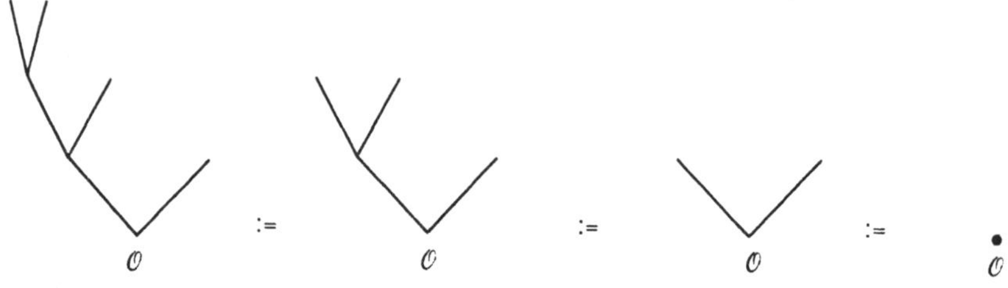

Fig. 3[1)]

Beispiel 5. Wir betrachten den Code κ_4 aus Tab. 5. Er kann nicht optimal sein, ganz gleich, wie die p_i sind, denn wir können daraus binäre Ziffern streichen, ohne die Präfixeigenschaft zu zerstören. Dieser Prozeß ist in Tab. 7 dargestellt; links das Codebuch für κ_4 mit unterstrichenen überflüssigen Ziffern, und

Tab. 7

A_1	0$\underline{1}$0		A_1	00
A_2	0$\underline{1}$1	$:=$	A_2	01
A_3	10$\underline{1}$		A_3	10
A_4	11		A_4	11

rechts das Codebuch für den Code, den wir erhalten, wenn wir die überflüssigen Ziffern entfernen. Wir sehen, daß auf diese Weise der Code κ_3 in Tab. 5 entsteht. In Fig. 4 geben wir den zugehörigen Codebaum an.

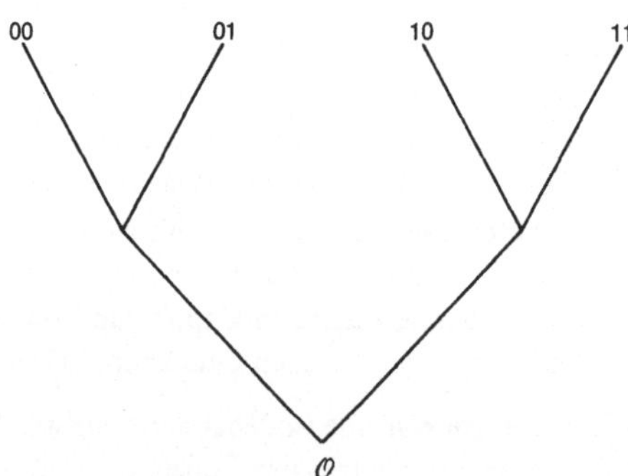

Fig. 4

[1)] Wir wenden hier zum ersten Mal das Zeichen $:=$ (das „dynamische Gleichheitszeichen") an. Wenn wir $\alpha := \beta$ schreiben, so bedeutet das, daß wir β an die Stelle von α setzen, d.h. α durch β ersetzen.

Wir sehen, daß man in einem Codebaum leichter als in einem Codebuch entdecken kann, ob ein Code überflüssige Ziffern hat. Der Codebaum von Fig. 2 ist nicht „vollbesetzt", d.h. es gibt innere Ecken, von denen nur eine Linie ausgeht. Dagegen ist der Codebaum für κ_3 vollbesetzt.

Der Leser kann nun leicht erkennen, daß die drei folgenden Bedingungen über einen Code äquivalent sind:

1. Der Code hat keine überflüssigen Ziffern.

2. Der Codebaum ist vollbesetzt.

3. Der Codebaum ist vollständig zusammenklappbar.

Daher können nur vollständig zusammenklappbare Codes als optimale Codes auftreten, denn wenn κ nicht vollständig zusammenklappbar ist, enthält er überflüssige Ziffern, und indem man diese entfernt, bekommt man einen Code κ' mit $E(|\kappa'|) < E(|\kappa|)$, was bedeutet, daß κ nicht optimal ist. Ob ein vorgelegter vollständig zusammenklappbarer Code optimal ist oder nicht, hängt natürlich von den Wahrscheinlichkeiten p_i ab.

Lemma 1. Es sei $\mathscr{F}$ ein Versuch, dessen Verteilung durch den Wahrscheinlichkeitsvektor $p = (p_1, \ldots, p_n)$ gegeben ist. Wir nehmen an, daß die Wahrscheinlichkeiten nach abnehmender Größe geordnet sind: $p_1 \geqslant p_2 \geqslant \ldots \geqslant p_n > 0$. Dann gibt es einen optimalen Code κ für $\mathscr{F}$ mit $\lambda_1 \leqslant \lambda_2 \leqslant \ldots \leqslant \lambda_n$, wobei $\lambda_i = |\kappa(A_i)|$; $i = 1, 2, \ldots, n$. Ferner gehört jedes Codewort maximaler Länge, d.h. der Länge λ_n, zu einer Gabel des Codebaums. Insbesondere wird $\lambda_{n-1} = \lambda_n$.

B e w e i s :   Es sei κ ein beliebiger optimaler Code für $\mathscr{F}$. Weiter sei $i < j$ und κ' der Code, den man aus κ durch Vertauschen des i-ten und j-ten Codeworts erhält. Eine einfache Überlegung ergibt

$$E(|\kappa'|) = E(|\kappa|) + (p_i - p_j)\,(\lambda_j - \lambda_i).$$

Da κ optimal ist, so gilt $E(|\kappa'|) \geqslant E(|\kappa|)$, und hieraus folgt, daß $\lambda_i \leqslant \lambda_j$ wenn $p_i > p_j$. Da die Gleichung ebenso zeigt, daß man Codewörter, die gleich wahrscheinlichen Ereignissen entsprechen, beliebig vertauschen kann, ohne daß die Optimalität verloren geht, so können wir $\lambda_1 \leqslant \lambda_2 \leqslant \ldots \leqslant \lambda_n$ annehmen. Nutzen wir aus, daß der Codebaum für κ voll besetzt ist, so können wir leicht auch den letzten Teil des Lemmas ableiten. ■

Beispiel 6. Wir wollen demonstrieren, daß Codes m i t überflüssigen Ziffern durchaus nützlich sein können. Es sei $\mathscr{F}$ ein Versuch mit den möglichen Ausgängen A_1, A_2, A_3, A_4. Die Wahrscheinlichkeiten seien so beschaffen, daß der Code κ_3 von Tab. 5 optimal ist, z.B. $p = \left(\frac{1}{4}, \frac{1}{4}, \frac{1}{4}, \frac{1}{4}\right)$. Wir stellen uns vor, daß der Versuch viele Male ausgeführt wird und daß uns ein Sender mit Hilfe des Code κ_3 Mitteilungen über die verschiedenen Ausgänge macht. Solange keine Fehler bei der Übermittlung auftreten, ist alles in Ordnung, wenn aber Fehler entstehen können und deshalb beim Empfänger eine falsche Mitteilung eintrifft, dann ist der Code nicht mehr so gut. Falls die Fehler sehr selten sind, kann es vorteilhaft sein, den Code κ_3^* anzuwenden, der aus κ_3 folgendermaßen entsteht (Tab. 8): Wir fügen überall eine binäre Ziffer hinzu derart, daß die Ziffer 1 geradzahlig oft auftritt. Wenden wir diesen Code κ_3^* an, so können wir einen einfachen Fehler entdecken, denn ein Fehler in einer einzelnen binären Ziffer ergibt eine ungerade Anzahl der Ziffer 1. Dagegen können wir doppelte Fehler nicht bemerken. Obwohl wir einfache Fehler entdecken können, können wir sie nicht korrigieren. Empfangen wir z.B. 001 und nehmen einen einfachen Fehler an, so kann die ausgesandte Nachricht sowohl A_1 als auch A_2 oder A_3 gewesen sein[1].

Tab. 8

	κ_3	κ_3^*
A_1	00	000
A_2	01	011
A_3	10	101
A_4	11	110

Zum Schluß dieses Kapitels untersuchen wir, welche Einschränkungen es für die Länge der Wörter eines Code gibt.

Satz (K r a f t s c h e U n g l e i c h u n g). Es seien $\lambda_1, \ldots, \lambda_n$ natürliche Zahlen. Eine notwendige und hinreichende Bedingung dafür, daß ein aus n Wörtern mit Längen $\lambda_1, \ldots, \lambda_n$ bestehender Code existiert, ist

$$(6) \qquad \sum_{i}^{n} 2^{-\lambda_i} \leqslant 1.$$

Ein solcher Code erfüllt das Gleichheitszeichen in (6) dann und nur dann, wenn er vollständig zusammenklappbar ist.

B e w e i s . Zunächst definieren wir die S u m m e $\Sigma\tau$ eines beliebigen Codebaums τ durch die Gleichung $\Sigma\tau = \Sigma 2^{-\lambda_i}$, wobei die λ_i die Längen der zugehörigen Endpunkte (Codewörter) sind. Die Summe des trivialen Codebaums definieren wir als 1. Man sieht, daß sich die Summe beim Zusammenklappen nicht ändert (nachprüfen!). Daher ist $\Sigma\tau = 1$ bei einem vollständig zusammenklappbaren Codebaum.

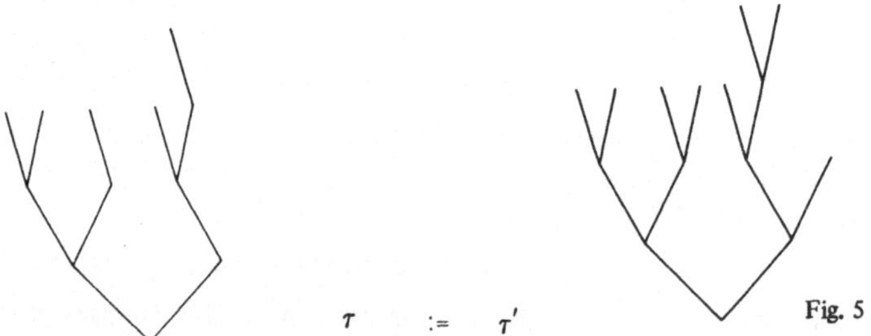

Es sei nun κ ein gegebener Code mit Codewortlängen $\lambda_1, \ldots, \lambda_n$ und τ der zugehörige Codebaum. Ist τ nicht voll besetzt, so können wir einen vollständig zusammenklapp-

---

[1] Über fehlerentdeckende und fehlerkorrigierende Codes gibt es genügend Literatur. Hier wollen wir nicht näher darauf eingehen.

baren Codebaum τ' konstruieren, indem wir Zweige hinzufügen (s. Fig. 5). Ist τ voll besetzt, so definieren wir $\tau' = \tau$. Dann haben wir

$$\Sigma 2^{-\lambda_i} = \Sigma\tau \leqslant \Sigma\tau' = 1.$$

Außerdem sehen wir, daß das Gleichheitszeichen dann und nur dann gilt, wenn τ vollständig zusammenklappbar ist (nachprüfen!).

Der letzte Teil des Satzes und die Notwendigkeit von (6) ist damit bewiesen.

Wir beweisen nun, daß (6) hinreicht und nehmen an, daß $\lambda_1, \ldots, \lambda_n$ gegeben sind und (6) erfüllen. Wir definieren Zahlen $w_1, w_2, \ldots \in \mathbf{N} \cup \{0\}$ durch

$$w_j = \#\{i | \lambda_i = j\}^{1)}.$$

Wir müssen also einen Code κ derart konstruieren, daß er w_1 Codewörter der Länge 1, w_2 Codewörter der Länge 2 usw. enthält.

Wir schreiben die gegebene Ungleichung (6) in der Form

$$(7) \qquad \Sigma w_j \cdot 2^{-j} \leqslant 1.$$

Um κ zu konstruieren, wählen wir zunächst w_1 Codewörter der Länge 1. Das ist möglich, weil die Menge 2_∞ insgesamt 2 Wörter der Länge 1 enthält und weil aus (7) leicht folgt, daß $w_1 \leqslant 2$.

Nachdem wir nun w_1 Codewörter der Länge 1 ausgesucht haben, müssen wir bei der Wahl von Codewörtern der Länge 2 daran denken, daß durch die Präfixeigenschaft $w_1 \cdot 2$ der insgesamt 2^2 Wörter der Länge 2 ausgeschlossen sind. Wir können daher w_2 zulässige Codewörter der Länge 2 finden, sobald w_2 die Ungleichung

$$w_2 \leqslant 2^2 - w_1 \cdot 2$$

erfüllt. Diese Ungleichung leitet man jedoch leicht aus (7) ab.

Wir fahren nun auf diese Weise fort und konstruieren die benötigten Codewörter der Länge $1, 2, \ldots$. Wir sehen, daß wir bei der Konstruktion der Codewörter der Länge j auf Grund der Präfixeigenschaft verlangen müssen, daß

$$w_j \leqslant 2^j - w_1 \cdot 2^{j-1} - w_2 \cdot 2^{j-2} - \ldots - w_{j-1} \cdot 2.$$

Daß diese Ungleichung tatsächlich gilt, folgt aus (7). ∎

Aufgaben. 1. Beim Ziehen einer Spielkarte interessieren uns die beiden Ausgänge „rote Karte" und „schwarze Karte". Weder der Fragestrategie

     1. „Ist es Karo?"

     2. (wenn nein auf 1.) „Ist es Herz?"

     3. (wenn nein auf 2.) „Ist es Kreuz?"

noch der Fragestrategie

$^{1)}$ Wir verwenden das Zeichen $\#$, um eine Anzahl zu bezeichnen. Daher ist w_j die Anzahl der λ_i, die gleich j sind.

1. „Wurden die Karten im Ausland gekauft?"

2. „Ist dies eine rote Karte?"

entspricht ein Code. Man diskutiere diesen Sachverhalt.

Man konstruiere einen Code m i t überflüssigen Ziffern (z.B. mit Codewortlängen $\lambda_1 = 1, \lambda_2 = 2$) und untersuche, welche Fragestrategie diesem Code entspricht.

2. Wir betrachten 3 Codes zu 8 möglichen Ereignissen (Tab. 9)

Tab. 9

κ_1	κ_2	κ_3
10	01	00
11	11	01
010	001	100
011	101	101
0000	0000	1100
0001	0001	1101
0010	1000	1110
0011	1001	1111

Man beweise, daß die Codes keine überflüssigen Ziffern haben, und prüfe nach, daß mit einem dieser Codes auch die beiden anderen optimal sind.

Sieht man sich die zugehörigen Codebäume an, so entdeckt man, daß κ_1 und κ_3 dieselbe Struktur haben, κ_1 und κ_2 dagegen verschiedene. Der Leser kann diese Betrachtungen ausbauen, indem er in der Menge der Codes ohne überflüssige Ziffern zwei Äquivalenzrelationen einführt, nämlich „gleiche Struktur" und „gleichzeitig optimal".

3. Wie gesagt hatten wir in der Definitionsgleichung (5) vorausgesetzt, daß $p_i > 0 \forall i$. Wenn wir $H_0(1) = 0$ und $H_0(p_1, \ldots, p_n, 0, \ldots, 0) = H_0(p_1, \ldots, p_n)$ setzen, so haben wir $H_0(p)$ für alle Wahrscheinlichkeitsvektoren p definiert, und die Definition steht im Einklang mit dem in Abschn. 2 Gesagten (nachprüfen!).

4. Ein Sender kann 4 Nachrichten aussenden: „Wir greifen an," „Schickt uns mehr Munition," „Der Feind ist überlegen," und „Sollen wir kapitulieren?", die durch die Codewörter 00, 11, 01 bzw. 10 verschlüsselt werden. Eines Tages werden die Ziffern

$$\ldots 00110011001 \ldots,$$

empfangen. Die zuerst geschickte Ziffer wurde jedoch verpaßt und man weiß auch nicht, wo die Mitteilung aufhört, da der Sender immer weiter sendet. Welche Nachricht wollte der Sender geben?

5. Gibt es einen Code mit 6 Codewörtern der Längen 1, 3, 3, 3, 3 und 3? Man beantworte dieselbe Frage, aber für die Längen 2, 3, 3, 3, 3 und 3.

6. Für jedes n konstruiere man einen Code mit n Codewörtern der Längen 1, 2, 3 ..., n. Man beweise, daß jeder solche Code genau eine überflüssige Ziffer hat. Wo befindet sie sich?

7. Man bilde einen Code für die 10 Dezimalziffern 0, 1, 2, 3, 4, 5, 6, 7, 8 und 9 derart, daß das der Dezimalziffer 0 entsprechende Codewort 0 ist und das der Dezimalziffer 1 entsprechende Codewort 10. Man bestimme die kleinste Zahl λ, für die es einen Code der gewünschten Art gibt ohne ein Codewort einer Länge größer als λ.

8. (Für Leser, die Kombinatorik gerne mögen). Man beweise, daß die Anzahl der Codes ohne überflüssige Ziffern und mit n Codewörtern gleich

$$2^{n-1} \, \frac{1 \cdot 3 \cdot 5 \cdot \ldots \cdot (2n-3)}{n!}$$

ist. Warnung: Die Aufgabe ist nicht ganz leicht.

4. Bestimmung der ideellen Entropie

Der Schlüssel zur Entropiefunktion liegt in der K r a f t s c h e n   U n g l e i c h u n g, die, zusammen mit (5), zeigt, daß

$$(8) \qquad H_0(\mathcal{F}) = \min\{E(|\kappa|) \mid \kappa \text{ Code für } \mathcal{F}\}$$

$$= \min\left\{\sum_1^n p_i \cdot \lambda_i \mid \lambda_1, \ldots, \lambda_n \in \mathbf{N}, \sum_i^n 2^{-\lambda_i} \leqslant 1\right\}.$$

Für die weitere Arbeit mit (8) brauchen wir eine Ungleichung über die Logarithmusfunktion. In diesem Buch bezeichnen wir mit log immer Logarithmen zur Basis 2, also

$$\log x = y \Leftrightarrow 2^y = x.$$

Der natürliche Logarithmus wird mit ln bezeichnet:

$$\ln x = y \Leftrightarrow e^y = x.$$

Der Zusammenhang zwischen Logarithmen zur Basis 2 und Logarithmen zur Basis 10 bzw. natürlichen Logarithmen wird näherungsweise gegeben durch

$$\log x = 3,32 \lg x = 1,44 \ln x.\text{[1]}$$

Lemma 1. Sind $(s_1, \ldots, s_n)$ und $(y_1, \ldots, y_n)$ zwei aus positiven Zahlen bestehende Vektoren mit $\Sigma y_i \geqslant \Sigma s_i$, dann ist

$$(9) \qquad \sum_1^n y_i \log \frac{y_i}{s_i} \geqslant 0,$$

und das Gleichheitszeichen gilt genau dann, wenn $y_i = s_i$ für alle i.

B e w e i s . Wir gehen aus von der elementaren Ungleichung

$$(10) \qquad \ln x \leqslant x - 1 \;\; \forall x > 0$$

---

[1] Mit lg bezeichnen wir $\log_{10}$.

(s. Fig. 6). Wir erhalten aus (10)

$$\Sigma y_i \ln \frac{s_i}{y_i} \leqslant \Sigma y_i\left(\frac{s_i}{y_i} - 1\right) = \Sigma s_i - \Sigma y_i \leqslant 0,$$

woraus (9) folgt, denn ln und log unterscheiden sich nur durch einen konstanten Faktor. Da das Gleichheitszeichen in (10) nur für $x = 1$ gilt, sehen wir, daß das Gleichheitszeichen in (9) dann und nur dann zutrifft, wenn $y_i = s_i \ \forall i$. ∎

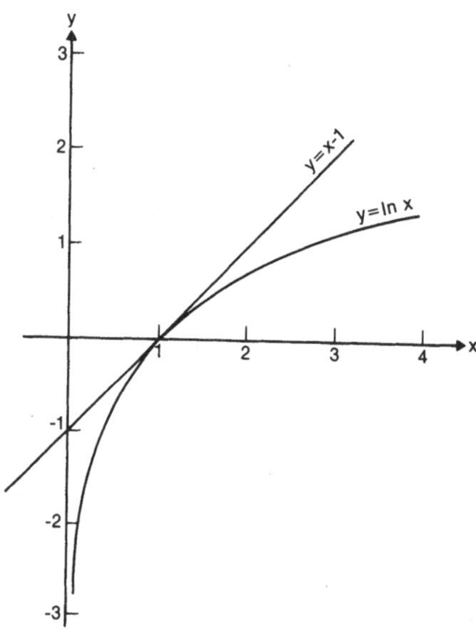

Fig. 6

Lemma 2. Bei einem Versuch $\mathscr{F}$ mit der Verteilung $p = (p_1, \ldots, p_n)$ gelten die Ungleichungen

$$(11) \qquad -\sum_1^n p_i \log p_i \leqslant H_0(\mathscr{F}) < -\sum_1^n p_i \log p_i + 1.$$

B e w e i s . Es seien $\lambda_1, \ldots, \lambda_n \in \mathbf{N}$ derart, daß $\Sigma 2^{-\lambda_i} \leqslant 1$. Aus dem Lemma 1 mit $s_i = 2^{-\lambda_i}$ und $y_i = p_i$ (man verifiziere, daß die Bedingungen über die s_i und y_i erfüllt sind) erhalten wir $\Sigma p_i \log (p_i \cdot 2^{\lambda_i}) \geqslant 0$ und daraus

$$-\Sigma p_i \log p_i \leqslant \Sigma p_i \cdot \lambda_i.$$

Da diese Ungleichung für alle (λ_i) mit $\Sigma 2^{-\lambda_i} \leqslant 1$ gilt, schließen wir aus (8), daß $-\Sigma p_i \log p_i \leqslant H_0(\mathscr{F})$.

Um die andere Hälfte von (11) zu beweisen, wählen wir ein System von Zahlen λ_i mit

$$\lambda_i \in \mathbf{N}, -\log p_i \leqslant \lambda_i < -\log p_i + 1; \quad i = 1, \ldots, n.$$

Da wir wie üblich annehmen, daß kein p_i gleich 0 oder 1 ist, so sind die λ_i wohldefinierte natürliche Zahlen. Aus $-\log p_i \leqslant \lambda_i \ \forall\, i$ ergibt sich $\Sigma 2^{-\lambda_i} \leqslant \Sigma\, p_i = 1$, d.h. die Kraftsche Ungleichung ist erfüllt. Benutzen wir (8) und $\lambda_i < -\log p_i + 1$, so bekommen wir

$$H_0(\mathscr{F}) \leqslant \Sigma\, p_i \cdot \lambda_i < \Sigma\, p_i\, (-\log p_i + 1) = -\Sigma\, p_i \log p_i + 1. \ \blacksquare$$

Der Beweis deutet stark darauf hin, daß bei einem optimalen Code die Länge des i-ten Codeworts ungefähr gleich $-\log p_i$ sein wird. Man braucht nicht viel Intuition, um zu erraten, daß die ideelle Entropie gerade gleich $\Sigma\, p_i\, (-\log p_i)$ sein wird. Dem endgültigen Beweis schicken wir noch ein Lemma voraus.

Lemma 3. Die Funktion, die einem Versuch mit dem Wahrscheinlichkeitsvektor (p_i) die Zahl $-\Sigma\, p_i \log p_i$ zuordnet, ist additiv in dem Sinne, daß unabhängigen Wiederholungen die Summe der Funktionswerte der einzelnen Versuche entspricht.

B e w e i s . Wir bezeichnen die betreffende Funktion durch ψ, also
$\psi(\mathscr{F}) = -\Sigma\, p_i \log p_i$, wenn $\mathscr{F}$ durch die Wahrscheinlichkeiten $p_i;\ i = 1,\ldots,n$ beschrieben ist. Es sei nun neben $\mathscr{F}$ ein Versuch $\mathscr{G}$ gegeben durch die Wahrscheinlichkeiten $q_j;\ j = 1,\ldots,m$; die Formulierung des Lemmas entspricht dann dem Fall $\mathscr{F} = \mathscr{G}$, aber wir können ebensogut den allgemeineren Fall betrachten, Es sei $\mathscr{F} \times \mathscr{G}$ der Versuch, der in unabhängigen Ausführungen von $\mathscr{F}$ und $\mathscr{G}$ besteht. Dann kann $\mathscr{F} \times \mathscr{G}$ durch die n $\cdot$ m Wahrscheinlichkeiten $p_i \cdot q_j;\ i = 1,\ldots,n,\ j = 1,\ldots,m$ beschrieben werden. Wir finden

$$\psi(\mathscr{F} \times \mathscr{G}) = -\sum_{ij} p_i \cdot q_j \log (p_i \cdot q_j) = -\sum_{i}\sum_{j}(p_i q_j \log p_i + p_i q_j \log q_j)$$

$$= -\sum_{i}(p_i \log p_i + p_i \sum_{j} q_j \log q_j) = \psi(\mathscr{F}) + \sum_{i} p_i \psi(\mathscr{G})$$

$$= \psi(\mathscr{F}) + \psi(\mathscr{G}). \ \blacksquare$$

Satz 1 (E r s t e r H a u p t s a t z d e r I n f o r m a t i o n s t h e o r i e). Die ideelle Entropie H ist durch

$$H(\mathscr{F}) = \lim_{k \to \infty} \frac{1}{k}\, H_0(\mathscr{F}^k)$$

wohldefiniert, d.h. der Grenzwert existiert, und wir haben

$$(12) \qquad H(\mathscr{F}) = -\sum_{i} p_i \log p_i.$$

B e w e i s . Zu gegebenem $\epsilon > 0$ bestimmen wir k_0 so, daß $1/k_0 < \epsilon$. Es sei $k \geqslant k_0$. Mit der Bedeutung von ψ wie im Beweis zu Lemma 3 erhalten wir aus Lemma 2 und 3:

$$\frac{1}{k}\, H_0(\mathscr{F}^k) \geqslant \frac{1}{k}\, \psi(\mathscr{F}^k) = \psi(\mathscr{F})$$

und $\qquad \dfrac{1}{k}\, H_0(\mathscr{F}^k) < \dfrac{1}{k}\,(\psi(\mathscr{F}^k) + 1) = \psi(\mathscr{F}) + \dfrac{1}{k} < \psi(\mathscr{F}) + \epsilon .$

Für $k \geqslant k_0$ gilt also die Ungleichung

$$\left| \frac{1}{k} H_0(\mathscr{F}^k) - \psi(\mathscr{F}) \right| < \epsilon,$$

und damit haben wir bewiesen, daß die Zahlenfolge $(H_0(\mathscr{F}^k)/k)_{k \geqslant 1}$ gegen den Grenzwert $\psi(\mathscr{F}) = - \Sigma\, p_i \log p_i$ konvergiert. ∎

Wenn wir im folgenden von Entropie sprechen, dann meinen wir stets die ideelle Entropie.

Korollar. Die Entropie eines Versuchs mit n gleich wahrscheinlichen Ausgängen ist gleich

$$(13) \qquad H\left(\frac{1}{n}, \ldots, \frac{1}{n}\right) = \log n.$$

Insbesondere wird

$$(14) \qquad H\left(\frac{1}{2}, \frac{1}{2}\right) = 1.$$

Wir überlassen die einfache Rechnung dem Leser.

Gemäß (1) ist die Einheit für die Entropie und die Informationsmenge dieselbe. Aus (14) ersehen wir, daß diese Einheit gleich der Entropie eines Versuchs mit 2 gleich wahrscheinlichen Ausgängen ist. Man kann z.B. sagen, daß die Einheit der Informationsmenge gleich der in einer binären Ziffer enthaltenen Information ist, wenn die Ziffern 0 und 1 gleich wahrscheinlich sind. Diese Einheit wird ein b i t genannt nach dem englischen <u>b</u>inary <u>dig</u>it.

Die Formel $H = \Sigma\, p_i\, (- \log p_i)$ können wir so interpretieren: Wenn der i-te Ausgang eintrifft, brauchen wir $- \log p_i$ bit, um ihn festzulegen. Man kann auch sagen, daß der i-te Ausgang $- \log p_i$ bit enthält. Statt von der Information zu sprechen, die man gewinnt, wenn man den Ausgang beobachtet, wäre es daher richtiger, von der d u r c h - s c h n i t t l i c h e n Information, die man erhält, zu reden. Wir werden dennoch oft die kürzere Redeweise benutzen, vor allem, wenn es sich um gleich wahrscheinliche Ausgänge handelt.

Im Grunde genommen haben wir die Formel (12) für die Entropiefunktion unter der Voraussetzung abgeleitet, daß keines der p_i gleich 0 oder 1 ist. Das Resultat des Satzes 1 bleibt jedoch für beliebige p_i richtig, wenn wir definieren (s. Aufgabe 3, Abschn. 3)

$$(15) \qquad - p \log p = 0 \quad \text{für} \quad p = 0.$$

Durch die Festsetzung (15) sichern wir, daß die Funktion $-x \log x$ an der Stelle $x = 0$ stetig bleibt[1]).

---

[1]) Wendet man (10) mit $\sqrt{x}$ anstelle von x an, so erhält man $\ln x \leqslant 2(\sqrt{x} - 1)$, woraus man ersieht, daß $\ln x/x \to 0$ für $x \to \infty$. Aus der Umformung $- x \ln x = \ln (x^{-1})/x^{-1}$ folgt daher, daß $- x \ln x \to 0$ für $x \to 0$.

Zur Berechnung der Entropie benötigen wir die Werte der Funktion $- x \log x$; $x \in [0, 1]$. Fig. 7 zeigt den Graph dieser Funktion. Braucht man eine größere Genauigkeit, so kann man Tabellen (s. z.B. Tab. 10) oder Rechenmaschinen benutzen.

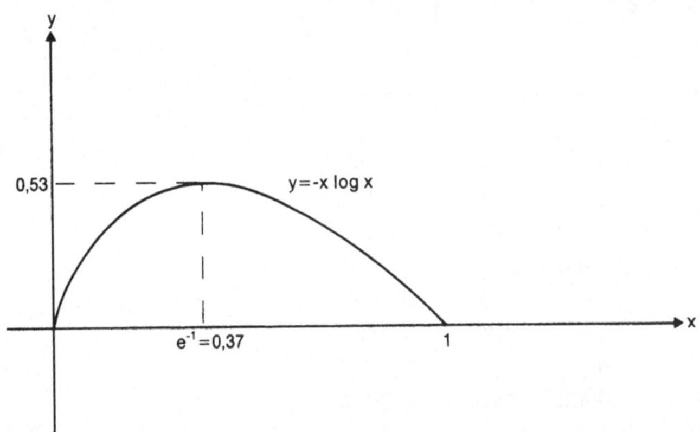

Fig. 7

Die einem Versuch mit zwei möglichen Ausgängen entsprechende Entropiefunktion $H(p, 1 - p)$ ist in Fig. 8 aufgezeichnet. Man kann sich auch ein Bild davon machen, wie $H(p)$ als Funktion von p variiert, wenn p die Länge 3 hat (s. Fig. 12 und 13 in Abschn. 5).

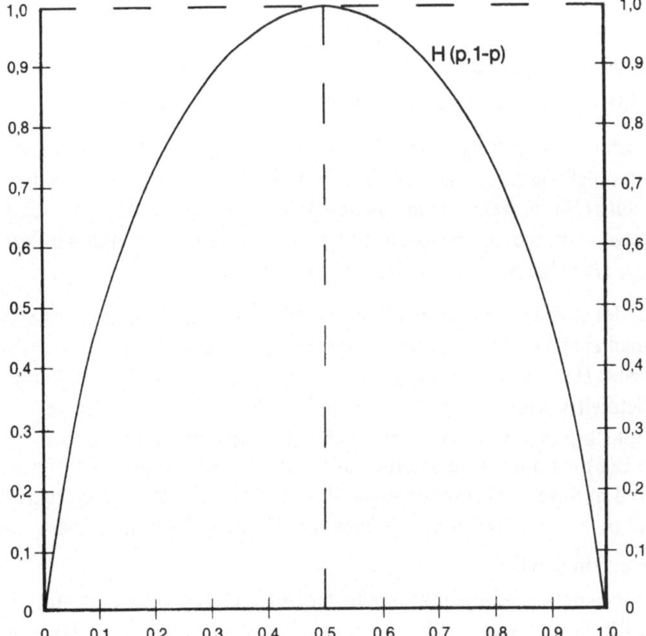

Fig. 8

Beispiel 1. Die dem Versuch in Beispiel 5, Abschn. 2 entsprechende Entropie kann leicht mit Hilfe von Tab. 10 ausgerechnet werden:

$$H\left(\frac{3}{4}, \frac{1}{4}\right) = \frac{3}{4} \log \frac{4}{3} + \frac{1}{4} \log 4 = 2 - \frac{3}{4} \cdot 1{,}585 = 0{,}811.$$

Tab. 10

n	log n	n	log n
1	0,0000	11	3,4594
2	1,0000	13	3,7004
3	1,5850	17	4,0875
4	2,0000	19	4,2479
5	2,3219	23	4,5236
6	2,5850	29	4,8580
7	2,8074	31	4,9542
8	3,0000	37	5,2095
9	3,1699	41	5,3576
10	3,3219	43	5,4263

Satz 2. Die Entropie eines Wahrscheinlichkeitsvektors $(p_1, \ldots, p_n)$ wird am größten, wenn die Wahrscheinlichkeiten gleich groß sind, d.h.

$$(16) \qquad H(p_1, \ldots, p_n) \leqslant H\left(\frac{1}{n}, \ldots, \frac{1}{n}\right).$$

Das Gleichheitszeichen gilt dann und nur dann, wenn $p_i = 1/n \; \forall i$.

B e w e i s . Man wende die Ungleichung (9) mit $x_i = p_i$ und $s_i = 1/n$ an. ∎

Man mache sich die Bedeutung von (16) auch mittels folgender Bemerkung klar: Ein Versuch hat n mögliche Ausgänge; die Unsicherheit, die über den Ausgang des Versuchs herrscht, ist am größten, wenn die möglichen Ausgänge gleich wahrscheinlich sind. In diesem Fall sagen wir, daß der Versuch g l e i c h v e r t e i l t ist, und nennen $p = (1/n, \ldots, 1/n)$ eine G l e i c h v e r t e i l u n g .

Beispiel 2. In der statistischen Mechanik beschreibt man ein physikalisches System dadurch, daß man eine Verteilung in der Menge der elementaren (quantenmechanischen) Zustände angibt. Hat man n Zustände, so braucht man also zur Beschreibung einen Wahrscheinlichkeitsvektor $p = (p_1, \ldots, p_n)$. Ein wichtiges Prinzip, das der m a x i - m a l e n E n t r o p i e , geht davon aus, daß man diejenige Verteilung p wählt, für die die Entropie $H(p)$ maximal wird. Hierbei läßt man nur diejenigen Verteilungen zu, die konsistent sind mit eventuellem vorherigen Wissen, das man über das System hat; weiß man z.B., daß $p_1 = \frac{1}{2}$, so wählt man p derart, daß unter allen Verteilungen mit $p_1 = \frac{1}{2}$ die Entropie maximal wird.

In der Praxis ist eine Verteilung mit maximaler Entropie eindeutig bestimmt. Diese Verteilung heißt die G i b b s s c h e k a n o n i s c h e V e r t e i l u n g . Die Entropie der kanonischen Verteilung ist ein Maß für die fehlende Information über den Zustand des Systems. Wissen wir z.B. über ein System nichts anderes, als daß es n mögliche Zustände besitzt, so sehen wir aus Satz 2, daß die Gibbssche kanonische Verteilung eine Gleichverteilung ist. Daher ist die informationstheoretische Entropie gleich log n. Die Entropie, mit der der Physiker arbeitet und die er S nennt, unterscheidet sich von der informationstheoretischen nur um einen konstanten Faktor. Für das diskutierte System gilt die B o l t z m a n n - P l a n c k s c h e F o r m e l

$$S = k \ln n,$$

worin k die Boltzmannsche Konstante ist.

Das Prinzip der maximalen Entropie ist nicht nur in der Physik sinnvoll, sondern auch nützlich in rein mathematischen Überlegungen (s. Aufgabe 6).

Schließlich erwähnen wir noch eine einfache Eigenschaft der Entropiefunktion, die uns nicht weiter überraschen kann.

Satz 3. Die Entropiefunktion H ist stetig.

B e w e i s . Wir machen uns zunächst klar, was der Satz bedeutet. Es seien $p_0 = (p_{01}, \ldots, p_{0n})$ und $p_\nu = (p_{\nu 1}, \ldots, p_{\nu n})$; $\nu = 1, 2, \ldots$ Wahrscheinlichkeitsvektoren derselben Länge n. Wir sagen, daß p_ν gegen p_0 konvergiert und schreiben $p_\nu \to p_0$ für $\nu \to \infty$, wenn $p_{\nu i} \to p_{0i}$ für $\nu \to \infty$ bei beliebigen $i = 1, \ldots, n$. Daß H stetig ist, bedeutet $H(p_\nu) \to H(p_0)$ falls $p_\nu \to p_0$. Daß dies wirklich zutrifft, ersieht man direkt aus der Formel $H(p) = - \sum p_i \log p_i$ in Verbindung mit der Stetigkeit der Funktion $-x \log x$ für $x \in [0,1]$. ∎

Aufgaben. 1. Von zwei Urnen mit Kugeln enthält die erste Urne 10 weiße, 5 rote und 5 blaue Kugeln, und in der zweiten Urne liegen 8 weiße, 8 rote und 4 blaue Kugeln. Man ziehe rein zufällig eine Kugel aus der ersten bzw. der zweiten Urne. Welcher dieser beiden Versuche hat die größere Entropie?

2. Man beweise, daß die wirkliche Entropie dann und nur dann mit der ideellen zusammenfällt, wenn alle Wahrscheinlichkeiten Potenzen von 2 mit negativen ganzen Exponenten sind.

3. Eine Rufanlage bestehe aus Apparaten mit jeweils 5 Glühbirnen. Ein Signal besteht darin, daß eine oder mehrere dieser Glühbirnen aufleuchten.

Man berechne die in einem Signal enthaltene Informationsmenge, ausgedrückt in bit, unter der Annahme, daß die Signale gleichwahrscheinlich sind.

Wenn 4 der Signale (z.B. von 4 Telefonleitungen mit Vorrang) doppelt so häufig sind wie die übrigen, wie groß ist dann die durchschnittlich in einem Signal enthaltene Information?

Wieweit läßt sich die in einem Signal enthaltene Information erhöhen, wenn man zwischen zwei Farben wählen kann und alle Kombinationen gleichwahrscheinlich sind?

4. Wir betrachten folgende 4 verschiedene Informationsquellen.

a) Die Zulassungsnummer eines Autos.

b) Eine Seite dieses Buchs besteht aus etwa 3500 Einheiten, die Buchstaben, Zwischen-räume oder diverse Zeichen sein können. Sehen wir von mathematischen Zeichen ab, so gibt es für jede Einheit 30–40 Möglichkeiten.

c) Ein schwarz-weißes Fernsehbild besteht aus Punkten, die verschiedene Helligkeits-grade haben können. Wir nehmen an, daß man zwischen 10 Helligkeitsgraden unter-scheiden kann und daß das Bild aus 500 Reihen mit je 600 Punkten besteht.

d) Ein bestimmter Typ von Lochkarten enthält 10 Reihen, in denen Löcher vorkom-men können. In jeder Reihe gibt es 80 mögliche Positionen für ein Loch.

Für jede dieser Informationsquellen berechne man die ungefähre Informationsmenge, ausgedrückt in bit, die die Quelle vermitteln kann unter der Voraussetzung, daß die möglichen Ausgänge oder Zustände gleichwahrscheinlich sind. Man diskutiere in jedem Fall, wieweit diese Voraussetzung gerechtfertigt ist. Zum Vergleich geben wir an, daß die neueren Datenverarbeitungsanlagen einen Kernspeicher mit $8 \cdot 10^6$ bit haben.

5. Es sei $p = (p_1, \ldots, p_n)$ ein Wahrscheinlichkeitsvektor und $k \in [2, n-1]$ eine ganze Zahl. Wir setzen

$$s = p_1 + p_2 + \ldots + p_k$$

und $\quad p_i' = p_i/s; \quad i = 1, 2, \ldots, k \, .$

Man beweise die Formel

$$H(p) = H(s, p_{k+1}, \ldots, p_n) + sH(p_1', \ldots, p_k')$$

und gebe eine intuitive Interpretation.

6. Wir interessieren uns für Verteilungen $(p_1, \ldots, p_6)$, die dem Wurf eines Würfels ent-sprechen.

Zu Beginn wissen wir nichts über den Würfel. Welche Verteilung werden wir benützen?

Welche Verteilung würden wir anwenden, wenn sich herausstellt, daß der Würfel in 50% aller Fälle 6 Augen zeigt?

Man benutze das Prinzip der maximalen Entropie.

5. Bestimmung der wirklichen Entropie, optimales Codieren

Eigentlich haben wir die Aufgabe, die wir uns in Abschn. 1 gestellt haben, nämlich eine vernünftige Entropiefunktion $H = H(p)$ zu definieren, schon gelöst. Indessen sind wir auf neue Probleme gestoßen, nämlich die Bestimmung der wirklichen Entropie und, noch dringlicher, die Bestimmung von optimalen Codes.

Satz 1. (Optimales Codieren nach der Huffmanschen Metho-de). Es sei $p = (p_1, \ldots, p_n)$ so geordnet, daß $p_1 \geqslant p_2 \geqslant \ldots \geqslant p_n$. Wir nehmen an, daß $n \geqslant 3$ und $p_n > 0$, und setzen

$$p = p_{n-1} + p_n.$$

Dann wird

$$(17) \qquad H_0(p_1, \ldots, p_{n-2}, p_{n-1}, p_n) = H_0(p_1, \ldots, p_{n-2}, p) + p.$$

Ferner gilt folgendes: Ist der Code κ mit den Längen $(\lambda_1, \ldots, \lambda_{n-2}, \lambda)$ optimal für den Wahrscheinlichkeitsvektor $(p_1, \ldots, p_{n-2}, p)$, so ist der Code mit den Längen $(\lambda_1, \ldots, \lambda_{n-2}, \lambda + 1, \lambda + 1)$, den wir erhalten, indem wir κ über dem Endpunkt, der dem Ereignis mit der Wahrscheinlichkeit p entspricht, aufklappen, optimal für den Wahrscheinlichkeitsvektor $(p_1, \ldots, p_n)$.

B e w e i s . Nach Lemma 3.1 gibt es zu $(p_1, \ldots, p_n)$ einen optimalen Code, dessen Längen die Ungleichungen $\lambda_1 \leqslant \lambda_2 \leqslant \ldots \leqslant \lambda_{n-1} = \lambda_n$ erfüllen. Wir können nach dem Lemma 3.1 auch annehmen, daß die Endpunkte des Codebaums, die den Ereignissen mit Wahrscheinlichkeiten p_{n-1} und p_n entsprechen, Endpunkte einer Gabel sind, und zwar, wohlgemerkt, derselben Gabel.

Daher gibt es einen durch Zusammenklappen gebildeten Code mit Längen $(\lambda_1, \ldots, \lambda_{n-2}, \lambda_n - 1)$, der zu $(p_1, \ldots, p_{n-2}, p)$ gehört. Infolgedessen kann die wirkliche Entropie von $(p_1, \ldots, p_{n-2}, p)$ höchstens gleich der mittleren Länge dieses Codes sein, d.h.

$$H_0(p_1, \ldots, p_{n-2}, p) \leqslant \sum_1^{n-2} p_i \cdot \lambda_i + p(\lambda_n - 1)$$

$$= \sum_1^n p_i \lambda_i - p = H_0(p_1, \ldots, p_n) - p.$$

Hiermit ist die eine Ungleichung in (17) bewiesen.

Um die andere zu beweisen, betrachten wir einen optimalen Code für $(p_1, \ldots, p_{n-2}, p)$. Es seien $(\lambda_1, \ldots, \lambda_{n-2}, \lambda)$ seine Längen. Indem wir ihn über dem Endpunkt, der dem Ereignis mit der Wahrscheinlichkeit p entspricht, aufklappen, erhalten wir einen Code für $(p_1, \ldots, p_{n-2}, p_{n-1}, p_n)$ mit den Längen $(\lambda_1, \ldots, \lambda_{n-2}, \lambda + 1, \lambda + 1)$. Die wirkliche Entropie von $(p_1, \ldots, p_n)$ kann also höchstens gleich der mittleren Länge dieses Code sein, d.h.

$$H_0(p_1, \ldots, p_n) \leqslant \sum_1^{n-2} p_i \lambda_i + p_{n-1}(\lambda + 1) + p_n(\lambda + 1)$$

$$= \left(\sum_1^{n-2} p_i \lambda_i + p\lambda \right) + p = H_0(p_1, \ldots, p_{n-2}, p) + p.$$

Damit haben wir die andere Ungleichung in (17) abgeleitet.

Der letzte Teil des Satzes folgt unmittelbar aus dem eben geführten Beweis von (17). ∎

Es ist klar, wie man H_0 mit Hilfe von (17) berechnen kann. Indem man (17) anwendet, reduziert man das Problem auf das der Berechnung von H_0 für einen Wahrscheinlichkeitsvektor, dessen Länge um 1 kleiner ist als die des ursprünglichen. Indem wir (17) wiederholt anwenden, brauchen wir schließlich H_0 nur für einen Wahrscheinlichkeitsvektor der Länge 2 zu berechnen, und für diesen ist ja H_0 gleich 1, da wir die ausgearteten Fälle $H_0(0, 1) = H_0(1, 0) = 0$ ausgeschlossen haben.

Ebenso sehen wir, daß der Satz die Konstruktion eines optimalen Codes erlaubt, denn durch seine wiederholte Anwendung reduziert sich das Problem auf den Fall, wo der Wahrscheinlichkeitsvektor die Länge 2 hat, und diesen Fall können wir leicht erledigen.

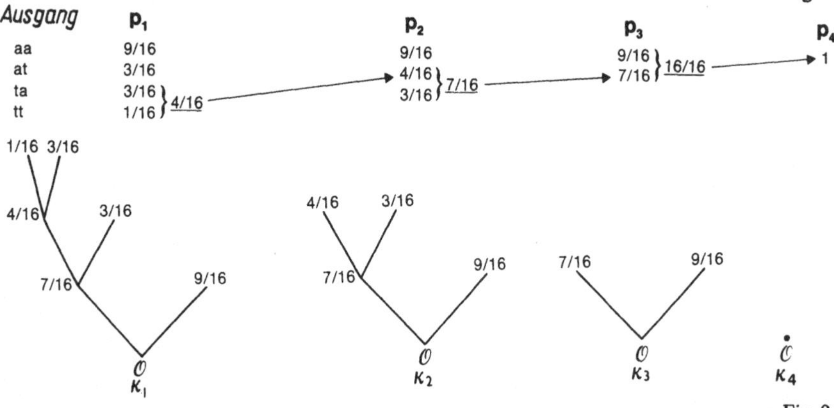

Fig. 9

Beispiel 1. Wir betrachten den Versuch $\mathscr{F}^2$ des Beispiels 5 in Abschn. 2. In Fig. 9 finden sich die Ausgänge von $\mathscr{F}^2$ und der zugehörige **Wahrscheinlichkeitsvektor** $\mathbf{p}_1$ links oben. Die Wahrscheinlichkeiten in $\mathbf{p}_1$ sind der Größe nach geordnet. Wir wenden Satz 1 an und ersetzen die beiden kleinsten Wahrscheinlichkeiten durch ihre Summe. Diese Summe, also $(3/16) + (1/16) = 4/16$, nennen wir die erste T e i l s u m m e . In dem Wahrscheinlichkeitsvektor, den wir so bekommen haben, nämlich durch Ersetzen von $3/16$, $1/16$ durch die eine Wahrscheinlichkeit $4/16$, ordnen wir die Wahrscheinlichkeiten der Größe nach und erhalten auf diese Weise den Wahrscheinlichkeitsvektor $\mathbf{p}_2$. Nach Satz 1 ist

$$H_0(\mathbf{p}_1) = H_0(\mathbf{p}_2) + \frac{4}{16}.$$

Wir wenden nun Satz 1 auf $\mathbf{p}_2$ an. Die zweite Teilsumme wird gleich $7/16$ und wir haben

$$H_0(\mathbf{p}_2) = H_0(\mathbf{p}_3) + \frac{7}{16}.$$

Damit sind wir eigentlich fertig, denn $\mathbf{p}_3$ ist ein Wahrscheinlichkeitsvektor der Länge 2, für den $H_0(\mathbf{p}_3) = 1$. Der Systematik zuliebe gehen wir noch einen Schritt weiter und bilden die dritte und letzte Teilsumme $(9/16) + (7/16) = 16/16 = 1$. Wir bekommen

$$H_0(\mathbf{p}_3) = H_0(\mathbf{p}_4) + \frac{16}{16} = \frac{16}{16}.$$

Fassen wir die Gleichungen zusammen, so ergibt sich

$$H_0(\mathbf{p}_1) = \frac{16}{16} + \frac{7}{16} + \frac{4}{16} = \frac{27}{16}.$$

Die wirkliche Entropie von $\mathscr{F}^2$ ist also 27/16, so wie wir früher im Beispiel 5 in Abschn. 2 behauptet hatten.

Man beachte, daß man für die Berechnung von H_0 nur die Teilsummen zu kennen braucht, denn die wirkliche Entropie ist die Summe der Teilsummen. In der Abbildung haben wir die Teilsummen unterstrichen.

Wir konstruieren nun einen optimalen Code für p_1. Wir fangen von hinten an und betrachten zunächst p_4, d.h. den trivialen Wahrscheinlichkeitsvektor. Ihm entspricht der optimale Code κ_4, dessen Codebaum trivial ist, d.h. nur aus dem Basispunkt $\mathcal{O}$ besteht. Sodann nehmen wir p_3 her. Ein optimaler Code κ_3 für p_3 ist in der Figur angegeben. Man bekommt ihn durch Aufklappen von κ_4. Um besser deutlich zu machen, welche Endpunkte von κ_3 zu welchen durch p_3 beschriebenen Ausgängen gehören, haben wir sie statt der üblichen Bezeichnung durch 0,1 -Folgen mit den zugehörigen Wahrscheinlichkeiten versehen. Man beachte, daß wir bei der Konstruktion von κ_3 eine gewisse Freiheit haben; wir hätten ebensogut die Linie von $\mathcal{O}$ nach links zum Ausgang mit der Wahrscheinlichkeit 9/16 und die nach rechts zum Ausgang mit der Wahrscheinlichkeit 7/16 gehen lassen können.

Bisher haben wir den Satz 1 eigentlich nicht angewendet. Wir tun es jetzt, da wir zur Betrachtung von p_2 übergehen. Nach dem Satz erhalten wir einen optimalen Code für p_2, indem wir κ_3 über dem Endpunkt, der dem Ereignis mit der Wahrscheinlichkeit 7/16 entspricht, aufklappen. Wiederum liegt in der Konstruktion eine gewisse Freiheit. In der Abbildung stellt κ_2 einen der optimalen Codes für p_2 dar. Schließlich konstruieren wir einen optimalen Code κ_1 für p_1, indem wir κ_2 aufklappen.

Die Fragestrategie, die κ_1 entspricht, ist übrigens gerade die im Beispiel 5 Abschn. 2 angegebene.

Man beachte die Reihenfolge der Schritte, die man braucht, um einen optimalen Code für p_1 zu bekommen:

$$p_1 \to p_2 \to p_3 \to p_4 \to \kappa_4 \to \kappa_3 \to \kappa_2 \to \kappa_1.$$

Beispiel 2. Wir betrachten den Versuch $\mathscr{F}^3$ aus Beispiel 5 in Abschn. 2. Zur Berechnung von H_0 folgen wir dem Schema von Tab. 11. Hierin sind die Wahrscheinlichkeiten in Vierundsechzigsteln angegeben.

Tab. 11

27		27		27		27		27		27		37		64
9		9		9		10		18		19		27	64	
9		9		9		9		10		18	37			
9		9		9		9		9	19					
3		4		6		9	18							
3		3		4	10									
3		3	6											
1	4													

Wir haben die Teilsummen unterstrichen und bekommen

$$H_0 = 64^{-1}(4 + 6 + 10 + 18 + 19 + 37 + 64) = \frac{158}{64},$$

so wie früher behauptet. Wir überlassen es dem Leser, den optimalen Code aus dem Schema zu konstruieren.

Es erscheint natürlich, sich zu fragen, ob man eine Formel zur direkten Berechnung von H_0 aus den Wahrscheinlichkeiten p_i angeben kann. Das ist hoffnungslos, wie der Leser aus den obigen Beispielen sicherlich erkennen wird. Die „Sklavenmethode" ist jedoch durchaus nicht schlecht. Die einzelnen Operationen sind einfach und lassen sich leicht für eine Rechenmaschine programmieren (Aufgabe 9). Selbst wenn man keine Rechenmaschine zur Verfügung hat, läßt sich H_0 für recht komplizierte Wahrscheinlichkeiten in vernünftiger Zeit berechnen. Wir illustrieren das durch ein Beispiel.

Beispiel 3. Wir wollen $H_0(\mathscr{F}^6)$ berechnen, wo $\mathscr{F}$ wieder der Versuch aus Beispiel 5 in Abschn. 2 ist. $\mathscr{F}^6$ hat $2^6 = 64$ mögliche Ausgänge, und die Wahrscheinlichkeiten sind von der Form $3^\nu/4^6$ wobei $\nu = 0, 1, 2, 3, 4, 5$ oder 6 ist. Der Wahrscheinlichkeitsvektor für $\mathscr{F}^6$ ist in Tab. 12 in Einheiten $4^{-6} = 1/4096$ angegeben.

Indem wir Satz 1 auf $\mathbf{p}_1$ anwenden, erhalten wir $\mathbf{p}_2$ und die erste Teilsumme 4. Die beiden nächsten Teilsummen sind gleich 6. In der Teilsummenrechnung geben wir daher die Teilsumme an und davor die Kontrollzahl 2, um darauf hinzuweisen, daß die Teilsumme 12 aus den Beiträgen von 2 einzelnen Teilsummen entstanden ist. Wir sind jetzt bei $\mathbf{p}_3$ angelangt. Wir setzen den Prozeß fort, bis wir schließlich mit dem trivialen Wahrscheinlichkeitsvektor aufhören. Zur Kontrolle der Rechnungen kann man sich der folgenden einfachen Regeln bedienen:

1. Die letzte Teilsumme ist immer 1.
2. Die Anzahl der einzelnen Teilsummen (= Summe der Kontrollzahlen) ist gleich der Anzahl der möglichen Ausgänge minus 1.

Wir finden $H_0(\mathscr{F}^6) = 20120/4096$, woraus sich $H_0(\mathscr{F}^6)/6 = 0{,}815$ ergibt wie früher behauptet.

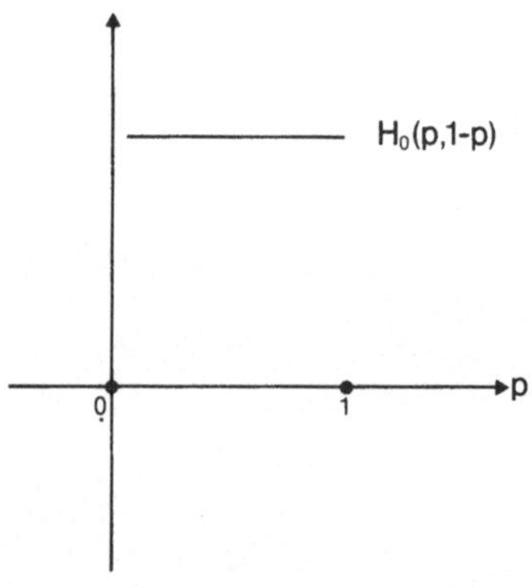

Fig. 10

Beispiel 4. Fig. 10 zeigt $H_0(p, 1 - p)$ als Funktion von p. Man vergleiche die Abbildung mit dem entsprechenden Graph für die ideelle Entropie (Fig. 8). Man beachte, daß $H_0(p, 1 - p)$ nicht stetig ist, doch liegen Unstetigkeiten nur in den Endpunkten, die $p = 0$ und $p = 1$ entsprechen (vgl. Aufgabe 12).

Tab. 12	Wahrscheinlichkeits-vektoren	Teilsummenrechnung Kontrollzahl	Teilsumme
p_1	1 × 729	1	4
	6 × 243	2	12
	15 × 81	1	7
	20 × 27	1	12
	15 × 9	1	16
	6 × 3	7	126
	1 × 1	1	28
		3	108
		1	45
p_2	1 × 729	9	486
	6 × 243	1	55
	15 × 81	1	72
	20 × 27	1	81
	15 × 9	4	432
	5 × 3	1	109
	1 × 4	1	153
		7	1134
		1	189
p_3	1 × 729	1	216
	6 × 243	1	217
	15 × 81	1	315
	20 × 27	3	972
	15 × 9	1	405
	1 × 3	1	460
	1 × 4	2	972
	2 × 6	1	558
		1	648
p_4	1 × 729	1	729
	6 × 243	1	946
	15 × 81	1	1044
	20 × 27	1	1377
	15 × 9	1	1675
	2 × 6	1	2421
	1 × 7	1	4096
		63	20120

Beispiel 5. Wir betrachten die wirkliche Entropie $H_0(p_1, p_2, p_3)$ als Funktion eines Wahrscheinlichkeitsvektors der Länge 3. Ist p_1 die größte der Wahrscheinlichkeiten, so ergibt sich aus Satz 1

$$H_0(p_1, p_2, p_3) = 1 + (p_2 + p_3) = 2 - p_1$$

unter der Voraussetzung, daß p_1, p_2 und p_3 alle positiv sind. Allgemein haben wir

$$(18) \qquad H_0(p_1, p_2, p_3) = \begin{cases} 2 - \max(p_1, p_2, p_3), & \text{wenn } p_1, p_2, p_3 > 0, \\ 1, & \text{wenn eines der } p_1, p_2, p_3 \\ & \text{gleich 0 ist,} \\ 0, & \text{wenn zwei der } p_1, p_2, p_3 \\ & \text{gleich 0 sind.} \end{cases}$$

Die Formel (18) gibt selbst schon ein gutes Bild davon, wie $H_0(p_1, p_2, p_3)$ mit (p_1, p_2, p_3) variiert. Nichtsdestoweniger wollen wir die Situation noch auf andere Weise veranschaulichen.

Die Menge der Wahrscheinlichkeitsvektoren (p_1, p_2, p_3) bildet im 3-dimensionalen Raum ein gleichseitiges Dreieck mit den 3 Einheitsvektoren $(1, 0, 0)$, $(0, 1, 0)$ und $(0, 0, 1)$ als Ecken (Fig. 11). Diese Menge heißt das 2- d i m e n s i o n a l e E i n - h e i t s s i m p l e x und werde durch S_2 bezeichnet.

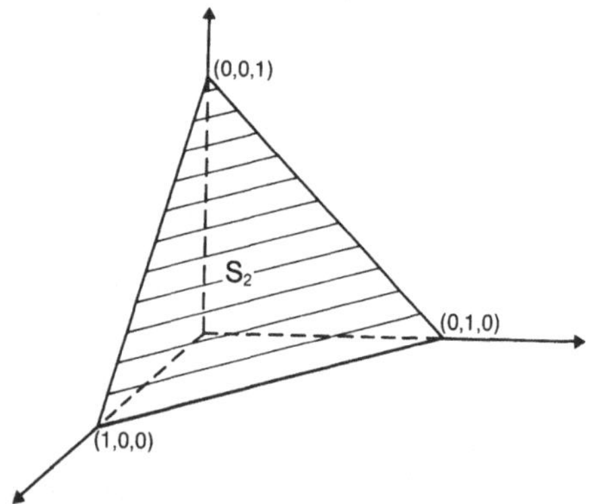

Fig. 11

In Fig. 12 haben wir versucht, das Verhalten von $H_0(\mathbf{p})$ mit $\mathbf{p} \in S_2$ zu veranschaulichen, indem wir einige N i v e a u l i n i e n von H_0 gezeichnet haben, d.h. Kurven, über denen H_0 konstant ist. Man sieht, daß die Niveaulinien aus Geradenstücken zusammengesetzt sind. Auf einigen davon haben wir den zugehörigen Wert von H_0 angegeben. Zum Vergleich haben wir das entsprechende Bild der Niveaulinien für die ideelle Entropie darunter gestellt.

Ein anschauliches Bild des Verhaltens von H_0 und H mit $\mathbf{p} \in S_2$ gibt Fig. 13. Wir haben in einer horizontalen Ebene das gleichseitige Dreieck S_2 gezeichnet und für jeden Punkt von S_2 senkrecht darüber den Wert der Entropie. Die Unstetigkeit von H_0 auf dem Rand von S_2 kommt in der Abbildung nicht zum Ausdruck.

Aufgaben. 1. Bei einem Versuch können 7 verschiedene Ausgänge eintreten. Die Wahrscheinlichkeiten in % ausgedrückt sind 20, 20, 18, 17, 15, 6 und 4. Man berechne H_0 und H und konstruiere einen optimalen Code.

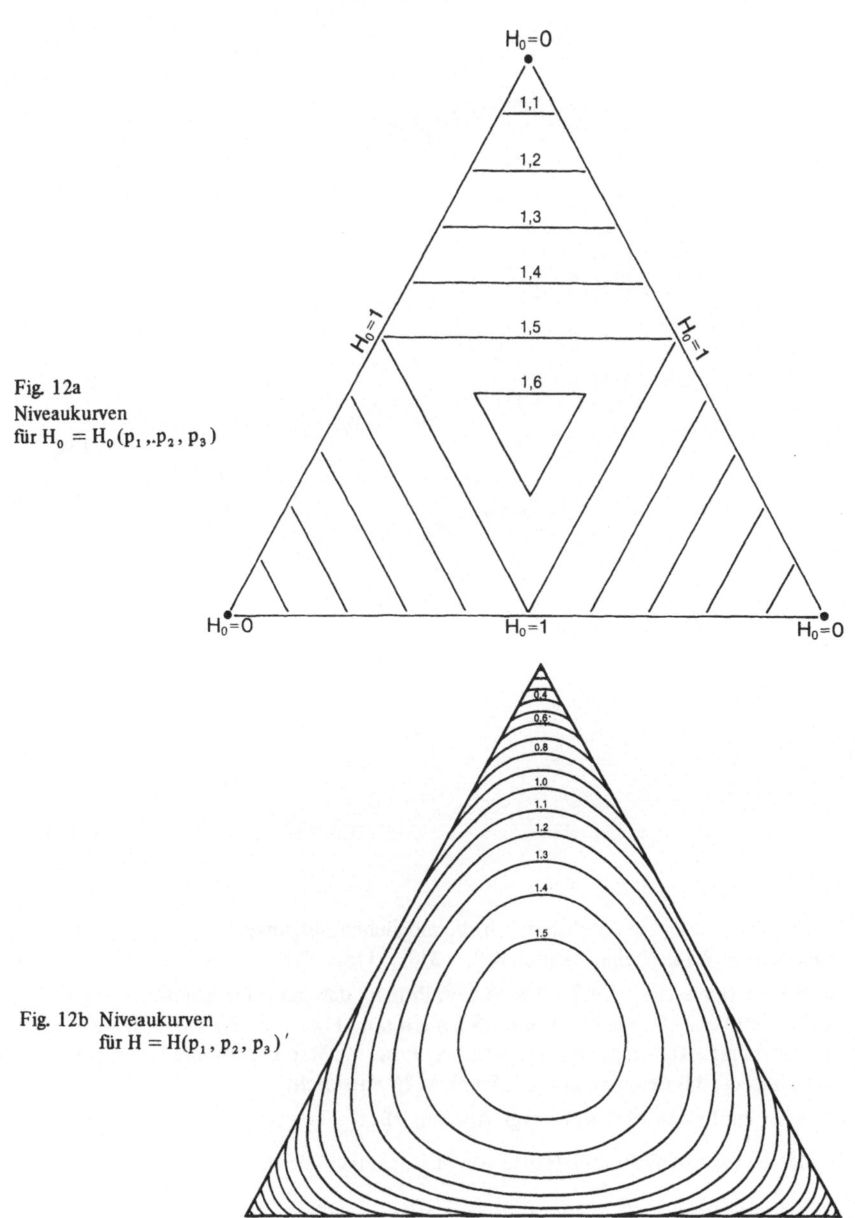

Fig. 12a
Niveaukurven
für $H_0 = H_0(p_1, p_2, p_3)$

Fig. 12b Niveaukurven
für $H = H(p_1, p_2, p_3)'$

2. Man berechne H_0 für die beiden Versuche der Aufgabe 1 in Abschn. 4.

3. Welcher der beiden Wahrscheinlichkeitsvektoren (0,750, 0,125, 0,125) und (0,720, 0,260, 0,020) hat die größere wirkliche Entropie und welcher hat die größere ideelle Entropie?

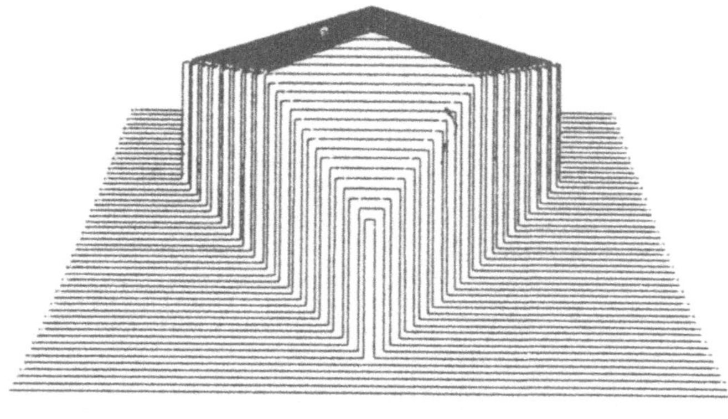

Fig. 13a

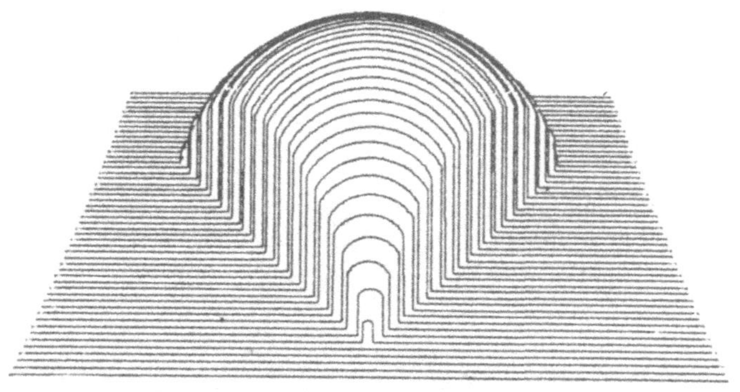

Fig. 13b

4. Ein Versuch sei beschrieben durch die möglichen Ausgänge A_1, A_2, A_3, A_4 mit zugehörigen Wahrscheinlichkeiten 3/8,   3/8,   1/8,   1/8.

Man konstruiere einen Code κ_1 nach dem Prinzip, daß man eine Einteilung in gleich-wahrscheinliche Gruppen anstrebt (S h a n n o n - F a n o s c h e   M e t h o d e) ; z.B. kann man als erste Frage wählen „Ist es $A_1 \cup A_4$?". Man konstruiere ferner einen anderen Code κ_2, der der ersten Frage „Ist es A_1?" entspricht.

Welcher der beiden ist besser? (vgl. Abschn. 9).

5. Man beweise, daß die eine Hälfte von (17), nämlich die Ungleichung

$$H_0(p_1, \ldots, p_{n-2}, p_{n-1}, p_n) \leqslant H_0(p_1, \ldots, p_{n-2}, p) + p,$$

gilt, gleichgültig ob die Wahrscheinlichkeiten $p_1, \ldots, p_n$ nach der Größe geordnet sind oder nicht.

Man leite hieraus die Ungleichung

$$H_0(p_1, \ldots, p_n) \leqslant \sum_1^n i \cdot p_i - p_n$$

ab (diese ist jedoch in der Regel ziemlich schwach).

6. In Tab. 13 stehen zwei Codes. Man beweise, daß beide optimal sind und daß κ_1 ein Huffman-Code ist, d.h. durch Anwendung von Satz 1 entsteht, κ_2 dagegen nicht.

Tab. 13

Wahrscheinlichkeiten in %	Code κ_1	Code κ_2
30	10	00
20	01	01
15	110	100
14	111	101
11	000	110
10	001	111

7. Man berechne $H_0\left(\dfrac{1}{n}, \ldots, \dfrac{1}{n}\right)$, etwa für $n \leqslant 10$, und vergleiche das Ergebnis mit der ideellen Entropie (s. a. Aufgabe 15).

8. Es sei $\mathscr{F}$ der Versuch aus Beispiel 5 in Abschn. 2. Man beweise, daß

$$H_0(\mathscr{F}^4) = \frac{838}{256}, \qquad H_0(\mathscr{F}^5) = \frac{4187}{1024} \, .$$

Man kontrolliere hiermit die im Beispiel 5 Abschn. 2 angegebenen Zahlen[1].

9. (für Leser, die programmieren können und Zugang zu einer Rechenmaschine haben). Man schreibe ein Programm, um H_0 zu berechnen. Es ist günstig das Programm so anzulegen, daß es auch einen optimalen Code liefert. Vorteilhaft ist es auch, mit einem allgemeinen Codealphabet zu arbeiten (s. Abschn. 6).

10a. Für bestimmte Zwecke, z.B. um mit einer Rechenmaschine zu arbeiten, braucht man eine binäre Darstellung der Buchstaben im dänischen Alphabet. Man möchte natür-

---

[1] Der Leser wird durch Ausrechnen (falls ihm kein Programm zur Verfügung steht, s. a. Aufgabe 9) finden, daß $H_0(\mathscr{F}^7) = 93684/16384$, woraus folgt $H_0(\mathscr{F}^7)/7 = 0{,}817$. Dieses Ergebnis ist interessant, denn wegen $H_0(\mathscr{F}^6)/6 = 0{,}815$ zeigt es, daß die Zahlenfolge $(H_0(\mathscr{F}^k)/k)$ nicht abzunehmen braucht. Der gleiche Sachverhalt liegt bei einem Versuch mit der Verteilung $(1/3, 1/3, 1/3)$ vor, und es ist zu vermuten, daß dasselbe ganz allgemein bei Verteilungen p mit $H_0(p) \neq H(p)$ gilt.

lich die durchschnittliche Anzahl binärer Ziffern minimal machen, d.h. man ist daran interessiert, einen optimalen Code zu finden. Man konstruiere einen optimalen Code für die in Tab. 14 angegebenen Buchstabenhäufigkeiten[1] und berechne H_0 und H.

Tab. 14[2]

Ordnungsnummer nach fallender Häufigkeit	Buchstabe		Häufigkeit in %	kumulierte Häufigkeit
1	E	e	16,6	
2	R	r	8,0	Nr. 1–2: 24,6
3	N	n	7,7	
4	T	t	7,2	
5	D	d	6,7	Nr. 1–5: 46,2
6	I	i	5,8	
7	A	a	5,6	
8	S	s	5,5	
9	L	l	5,1	
10	O	o	4,5	Nr. 1–10: 72,7
11	G	g	4,4	
12	M	m	3,7	
13	K	k	3,2	
14	V	v	2,7	
15	F	f	2,6	Nr. 1–15: 89,3
16	H	h	2,1	
17	U	u	1,6	
18	B	b	1,4	
19	P	p	1,3	
20	Å	å	1,3	
21	Ø	ø	0,9	
22	AE	æ	0,8	
23	Y	y	0,6	
24	J	j	0,6	
25	C	c	0,1	
			100,0%	

W w, X x, Z z und Q q: weniger als 0,02%.
Die mittlere Wortlänge ist 4,8 Buchstaben, d.h. nach durchschnittlich etwa 5 Buchstaben tritt ein Zwischenraum auf.

---

[1] Diese Häufigkeiten brauchen für den betreffenden Zweck nicht unbedingt am besten geeignet zu sein. Z.B. ist ein Text, auf den man in Verbindung mit Rechenmaschinen stößt, oft eine Beschreibung eines mathematischen Programms und hat daher eine Tendenz zu höheren Häufigkeiten von Buchstaben wie x, y und z.

[2] Aus dem Artikel von S p a n g - H a n s s e n , H. in: Nyt fra Sprognævnet, März 1970, mit Genehmigung des Verfassers.

Da das Resultat von gewissem Interesse ist, haben wir in Tab. 16 einen optimalen Code angegeben. Man findet $H_0 \approx 4{,}2$ und $H \approx 4{,}1$.

10b. Für Leser, die sich mehr für die deutsche als für die dänische Sprache interessieren, geben wir in der Tab. 15 die Buchstabenhäufigkeiten im Deutschen an. Der Leser kann sie in derselben Weise wie die Tab. 14 für das Dänische behandeln.

Tab. 15

Ordnungsnummer nach fallender Häufigkeit	Buchstabe	Häufigkeit in Prozent
1	E	17,3
2	N	10,4
3	R	8,1
4	I	7,5
5	S	6,4
6	T	5,6
7	D	5,2
8	H	5,1
9	A	5,1
10	U	3,8
11	L	3,4
12	C	3,1
13	G	3,1
14	M	2,5
15	O	2,1
16	B	1,9
17	Z	1,7
18	W	1,7
19	F	1,6
20	K	1,1
21	V	0,9
22	Ü	0,7
23	P	0,6
24	Ä	0,6
25	Ö	0,3
26	J	0,2

Y, Q und X: jeder weniger häufig als 0,02%. Die mittlere Wortlänge beträgt 5,7 Buchstaben

11. In einem Personenregister benutzt man als ein Element zur Identifikation den Anfangsbuchstaben des Nachnamens. Für die elektronische Datenverarbeitung braucht man daher eine binäre Darstellung dieses Buchstabens. Man mache zunächst eine zweckmäßige Tabelle der Buchstabenhäufigkeiten, konstruiere danach einen optimalen Code und berechne H_0. Man vergleiche das Resultat mit dem der Aufgabe 10b).

Tab. 16

Buchstabe	Codewort	Buchstabe	Codewort
A	1001	P	101110
B	101100	Q	10110111111
C	101101110	R	0010
D	0110	S	1010
E	000	T	0100
F	11010	U	010110
G	1111	V	01111
H	11011	W	10110111100
I	1000	X	10110111101
J	10110110	Y	1011010
K	01110	Z	10110111110
L	1100	Æ	0101111
M	01010	Ø	0101110
N	0011	Å	101111
O	1110		

12. Man beweise, daß H_0 im Inneren seines Definitionsbereichs stetig ist, d.h. wenn $p_\nu \to p$ für $\nu \to \infty$ und wenn alle Wahrscheinlichkeiten, die in p eingehen, positiv sind, wird $H_0(p_\nu) \to H_0(p)$ für $\nu \to \infty$.

A n l e i t u n g : Man führe den Beweis durch Induktion nach der Länge der Wahrscheinlichkeitsvektoren.

13. Man finde die Wertemenge von $H_0(p)$ für $p = (p_1, p_2, p_3) \in S_2$.

14. In die Fabrikation eines gewissen Produktes gehen 13 Komponenten ein. Man braucht davon 100, 80, 60, 45, 45, 25, 25, 25, 5, 2, 1, 1 bzw. 1 Gewichtseinheiten. Die Fabrikation geschieht mit Hilfe einer Mischmaschine, die jedoch nur zwei Komponenten gleichzeitig verarbeiten kann. Die Zeit, die für einen einzelnen Mischprozeß benötigt wird, ist proportional dem Gewicht der beiden betreffenden Komponenten. Man gebe einen Produktionsgang an, der die gesamte Produktionszeit minimal macht.

15. Man beweise, daß $H_0\left(\dfrac{1}{n}, \ldots, \dfrac{1}{n}\right)$ als Funktion von n wächst.

A n l e i t u n g : Man betrachte einen Code für $\left(\dfrac{1}{n}, \ldots, \dfrac{1}{n}\right)$, der durch Zusammenklappen eines optimalen Codes für $\left(\dfrac{1}{n+1}, \ldots, \dfrac{1}{n+1}\right)$ entsteht. Man findet

$$H_0\left(\frac{1}{n+1}, \ldots, \frac{1}{n+1}\right) \geqslant H_0\left(\frac{1}{n}, \ldots, \frac{1}{n}\right) + \frac{1}{n}.$$

16. Zu $n \in \mathbf{N}$ bestimme man $\lambda \in \mathbf{N} \cup \{0\}$ derart, daß $2^{\lambda} \leqslant n < 2^{\lambda+1}$, d.h. λ ist der ganzzahlige Teil von log n. Man beweise, daß

$$H_0\left(\frac{1}{n}, \ldots, \frac{1}{n}\right) = \lambda + \frac{2(n-2^{\lambda})}{n}.$$

A n l e i t u n g : Es sei κ ein optimaler Code für $\left(\dfrac{1}{n}, \ldots, \dfrac{1}{n}\right)$ mit Codewortlängen $\lambda_1 \leqslant \lambda_2 \leqslant \ldots \leqslant \lambda_n$. Indem man einen Code κ' betrachtet, der aus κ durch ein Auf- und ein Zuklappen gebildet wird, und indem man die Ungleichung $E(|\kappa'|) \geqslant E(|\kappa|)$ ausnutzt, kann man beweisen, daß $\lambda_n \leqslant \lambda_1 + 1$. Hat man dies erst einmal eingesehen, so ist es leicht, weiter zu kommen.

17. Man beweise, daß für jeden Wahrscheinlichkeitsvektor $(p_1, \ldots, p_n)$ gilt

$$H_0(p_1, \ldots, p_n) \leqslant H_0\left(\frac{1}{n}, \ldots, \frac{1}{n}\right).$$

A n l e i t u n g : Man benutze die bei der Lösung von Aufgabe 16 verwendete Schlußweise.

18. Ebenso wie die ideelle Entropie nimmt auch die wirkliche Entropie ihr Maximum an, wenn die Ereignisse gleich wahrscheinlich sind. Im Gegensatz zur ideellen Entropie gibt es bei der wirklichen Entropie für $n > 3$ jedoch keine eindeutige Stelle eines Maximums, s.a. $p = \left(\dfrac{1}{4} + \epsilon, \dfrac{1}{4} + \epsilon, \dfrac{1}{4} - \epsilon, \dfrac{1}{4} - \epsilon\right).$

6. Codieren mit einem beliebigen Codealphabet

Die Betrachtungen dieses Abschnitts stellen eine einfache Erweiterung dessen dar, was wir schon ausführlich für das Codieren mit einem aus den beiden Buchstaben (Ziffern) 0 und 1 bestehenden Codealphabet diskutiert haben. Wir geben daher alle Resultate ohne Beweis an.

Es sei K eine endliche Menge, die aus den Elementen $\alpha_1, \ldots, \alpha_\nu$ besteht. K heißt das C o d e a l p h a b e t und die α_i die B u c h s t a b e n des Alphabets. Ein W o r t im Alphabet K ist eine endliche Folge von Buchstaben aus K. Die Menge sämtlicher Wörter bezeichnen wir durch K∞. Die L ä n g e eines Wortes ist die Anzahl der Buchstaben, aus denen es besteht.

Es sei $\mathscr{A} = (A_1, \ldots, A_n)$ eine Klasseneinteilung des Ergebnisraums Ω. Unter einem C o d e v o n $\mathscr{A}$ i m A l p h a b e t K verstehen wir eine injektive Abbildung κ, die jedem Ereignis A_i ein Codewort $\kappa(A_i) \in K_\infty$ zuordnet derart, daß keines der Wörter $\kappa(A_1), \ldots, \kappa(A_n)$ ein Präfix eines anderen dieser Wörter ist.

Die m i t t l e r e L ä n g e des Codes definieren wir wie vorher, also durch

$$E(|\kappa|) = \sum_{1}^{n} p_i |\kappa(A_i)|\,,$$

wobei $|\kappa(A_i)|$ die Länge des Wortes $\kappa(A_i)$ bedeutet.

Da die Anzahl der Buchstaben gleich ν ist, sprechen wir von ν - w e r t i g e m C o d i e - r e n . Es ist klar, wie man den C o d e b a u m zu einem ν-wertigen Code definiert. Wir können nun H_0, die w i r k l i c h e E n t r o p i e b e i ν-w e r t i g e m C o - d i e r e n , durch die zu (5) analoge Formel

$$H_0^{(\nu)}(\mathscr{F}) = \min_{\kappa} E(|\kappa|)$$

erklären; das Minimum erstreckt sich über alle ν-wertigen Codes der zu $\mathscr{F}$ gehörigen Klasseneinteilung $\mathscr{A}$.

Die i d e e l l e E n t r o p i e $H^{(\nu)}$ in ν-w e r t i g e n E i n h e i t e n definieren wir durch

$$H^{(\nu)}(\mathscr{F}) = \lim_{k \to \infty} \frac{H_0^{(\nu)}(\mathscr{F}^k)}{k}\,.$$

Es gilt

$$H^{(\nu)} = \frac{H}{\log \nu}\,.$$

Dagegen existiert kein einfacher Zusammenhang zwischen $H_0^{(\nu)}$ und H_0.

Eine notwendige und hinreichende Bedingung dafür, daß ein ν-wertiger Code mit Code-wortlängen $\lambda_1, \ldots, \lambda_n$ existiert, ist die K r a f t s c h e U n g l e i c h u n g

$$(19) \qquad \sum_{1}^{n} \nu^{-\lambda_i} \leqslant 1.$$

Satz 1. (O p t i m a l e s ν-w e r t i g e s C o d i e r e n n a c h d e r H u f f m a n - s c h e n M e t h o d e). Es sei $p = (p_1, \ldots, p_n)$ so geordnet, daß $p_1 \geqslant p_2 \geqslant \ldots \geqslant \geqslant p_n (> 0)$. Wir betrachten zwei Fälle:

a) $n \equiv 1 \mod (\nu - 1)^{1)}$.

Wir setzen

$$p = p_{n-\nu+1} + p_{n-\nu+2} + \ldots + p_n.$$

Dann wird

$$(20) \qquad H_0^{(\nu)}(p_1, \ldots, p_n) = H_0^{(\nu)}(p_1, \ldots, p_{n-\nu}, p) + p.$$

Ferner gilt folgendes: Ist κ ein optimaler ν - w e r t i g e r C o d e f ü r $(p_1, \ldots, p_{n-\nu}, p)$ mit Längen $(\lambda_1, \ldots, \lambda_{n-\nu}, \lambda)$, so ist der Code mit Längen

---

[1]) Es gibt ein $k \in \mathbf{N}$, so daß $n = k(\nu - 1) + 1$.

$(\lambda_1, \ldots, \lambda_{n-\nu}, \lambda + 1, \ldots, \lambda + 1)$, den wir bekommen, indem wir κ über dem dem Ereignis mit der Wahrscheinlichkeit p entsprechenden Endpunkt aufklappen, ein optimaler ν-wertiger Code für $(p_1, \ldots, p_n)$.

b) $\qquad n \not\equiv 1 \mod(\nu - 1)$.

In diesem Fall fügen wir eine gewisse Anzahl fiktiver Ereignisse mit der Wahrscheinlichkeit 0 derart hinzu, daß die Gesamtanzahl der Ereignisse $\equiv 1 \mod(\nu - 1)$ wird. Für den so entstandenen Wahrscheinlichkeitsvektor gilt das unter a) Gesagte.

Im Teil b) des Satzes beziehen wir uns auf Teil a), was streng genommen keinen Sinn hat, weil wir in a) verlangen, daß alle Wahrscheinlichkeiten positiv sind, während wir unter b) Ereignisse der Wahrscheinlichkeit 0 hinzufügen. Der genaue Sinn dieses Vorgehens ergibt sich jedoch leicht aus dem folgenden Beispiel.

Beispiel 1. Wir wollen $H_0^{(3)}$ und einen optimalen dreiwertigen Code für das in Tab. 17 gegebene p bestimmen. Als Codealphabet benutzen wir $\{0, 1, 2\}$. Da die Anzahl der

Tab. 17

p	p*				
0,20	0,20	0,20	0,25	0,55	1,00
0,20	0,20	0,20	0,20	0,25	1,00
0,18	0,18	0,18	0,20	0,20	
0,17	0,17	0,17	0,18	0,55	
0,15	0,15	0,15	0,17		
0,05	0,05	0,05	0,25		
0,03	0,03	0,05			
0,02	0,02	0,05			
	0,00				

Ereignisse gleich 8 ist und $8 \not\equiv 1 \mod 2$, müssen wir fiktive Ereignisse hinzufügen. Wir können uns mit e i n e m fiktiven Ereignis begnügen und bekommen so den Wahrscheinlichkeitsvektor p*. Auf ihn wenden wir das bekannte Verfahren an und müssen nur jederzeit dafür sorgen, die 3 am wenigsten wahrscheinlichen Ereignisse zusammen zu nehmen. Die Teilsummen sind durch Unterstreichen gekennzeichnet. Wir erhalten

$$H_0^{(3)}(p) = 0,05 + 0,25 + 0,55 + 1,00 = 1,85.$$

Wir können einen optimalen dreiwertigen Code wie üblich durch Aufklappen mit Hilfe der Tabelle konstruieren, doch lassen wir zum Schluß das dem fiktiven Ereignis entsprechende Codewort weg. Fig. 14 zeigt einen auf diese Weise konstruierten optimalen Code und den zugehörigen Codebaum.

Das eliminierte Codewort, das dem fiktiven Ereignis entspricht, ist 110.

Aufgaben 1. Ein Versuch kann 10 Ausgänge haben. 2 davon haben die Wahrscheinlichkeit 0,14 und die anderen die Wahrscheinlichkeit 0,09. Man berechne $H_0^{(3)}$ und $H_0^{(4)}$ und konstruiere optimale drei- und vierwertige Codes.

2. Man berechne $H_0^{(\nu)}$ (p) als Funktion von ν für $\mathbf{p} = (1/7, \ldots, 1/7)$.

3. In einer Datenverarbeitungsanlage sollen die Inhalte von verschiedenen Magnetbändern zusammengestellt werden. Die Magnetbänder enthalten jeweils eine geordnete Menge von Daten, die aus einer gewissen Anzahl von Posten besteht. Wir bezwecken, ein Band aufzubauen, das die gesamte Datenmenge in der richtigen Ordnung enthält.

A_1	0,20	0
A_2	0,20	22
A_3	0,18	21
A_4	0,17	20
A_5	0,15	12
A_6	0,05	10
A_7	0,03	112
A_8	0,02	111

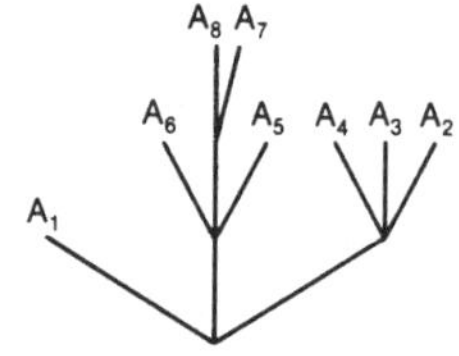

Fig. 14

Der Datenverarbeitungsanlage sind 4 Magnetbandeinheiten angeschlossen. Die Anlage kann in einer einzigen Operation nur 3 Bänder zusammenfügen. Dies geschieht in der folgenden Weise: In 3 Magnetbandeinheiten werden die 3 Bänder, die zusammengefügt werden sollen, und die etwa n_1, n_2 und n_3 Posten enthalten, eingelegt. In die letzte Station legt man ein leeres Band. Die Datenverarbeitungsanlage kann nun die Bänder so bearbeiten, daß sich zum Schluß die gesamte aus $n_1 + n_2 + n_3$ Posten bestehende Datenmenge der 3 Bänder, in der richtigen Weise geordnet, auf dem ursprünglich leeren Band befindet. Die Zeit, die eine solche Zusammenfügung erfordert, ist proportional zu $n_1 + n_2 + n_3$.

Insgesamt sollen nun 8 Bänder mit 20000, 17000, 16000, 15000, 14000, 10000, 4000 und 2000 Posten gegeben sein.

Man gebe eine optimale Strategie an, unter der die zum Zusammenfügen aller 8 Bänder benötigte Zeit so klein wie möglich wird.

A n l e i t u n g : Sobald man die Analogie zur Konstruktion eines gewissen optimalen dreiwertigen Codes eingesehen hat, ist die Lösung der Aufgabe leicht. Um diese Analogie zu erkennen, kann man vielleicht am besten den zum Zusammenfügen inversen Prozeß betrachten. Man kann auch eine zufällig gewählte Strategie untersuchen und zeigen, daß die benötigte Zeit proportional zur mittleren Länge eines gewissen dreiwertigen Codes ist.

4. Wir betrachten die ersten hundert Zahlen, Null eingerechnet, also die Zahlen Null, Eins, ..., Neunundneunzig. Die übliche Darstellung dieser Zahlen im Dezimalsystem ist kein zehnwertiger Code. Warum nicht? Man konstruiere einen optimalen zehnwertigen Code mit dem Kodealphabet $\{0, 1, 2, 3, 4, 5, 6, 7, 8, 9\}$, indem man die Zahlen als gleich wahrscheinlich ansieht.

II. Informationstheoretische Grundbegriffe

7. Wahrscheinlichkeitstheoretische Betrachtungen über zufällige Variable

Wir werden im folgenden oft zwei zufällige Variable X und Y betrachten, die auf demselben Wahrscheinlichkeitsfeld definiert sind. Es kommt häufig vor, daß wir X kennen möchten, aber nur Y beobachten können. Wir dürfen dann die Werte, die X annehmen kann, als mögliche Ursachen für die Wirkung Y ansehen.

Wir führen nun einige Bezeichnungen ein, die im folgenden festgehalten werden.

X und Y sind zufällige Variable, die auf demselben Ergebnisraum Ω definiert sind. Die Wahrscheinlichkeitsfunktion auf Ω nennen wir P. Es möge X Werte in der Menge $\{x_1, \ldots, x_n\}$ und Y in der Menge $\{y_1, \ldots, y_m\}$ annehmen. Der Index i wird immer Größen vorbehalten bleiben, die sich auf X beziehen, und der Index j bleibt dementsprechend für Y reserviert. Die Verteilung von X ist charakterisiert durch den Wahrscheinlichkeitsvektor $p = (p_1, \ldots, p_n)$, wobei

$$p_i = P(X = x_i); \quad i = 1, \ldots, n.$$

p ist dann ein Element der Menge aller Wahrscheinlichkeitsvektoren der Länge n. Diese Menge heißt das $(n-1)$-d i m e n s i o n a l e   E i n h e i t s s i m p l e x   und wird durch S_{n-1} bezeichnet. Die Verteilung von Y ist durch den Wahrscheinlichkeitsvektor $q = (q_1, \ldots, q_m)$ gegeben, wobei

$$q_j = P(Y = y_j); \quad j = 1, \ldots, m.$$

Wir haben dann $q \in S_{m-1}$, dem $(m-1)$-dimensionalen Einheitssimplex.
Die von X erzeugte Klasseneinteilung von Ω wird durch $\mathscr{A} = (A_1, \ldots, A_n)$ bezeichnet. Hierbei ist

$$A_i = \{\omega \in \Omega \mid X(\omega) = x_i\}; \quad i = 1, \ldots, n.$$

Entsprechend ist die Klasseneinteilung $\mathscr{B} = (B_1, \ldots, B_m)$ definiert durch

$$B_j = \{\omega \in \Omega \mid Y(\omega) = y_j\}; \quad j = 1, \ldots, m.$$

Ist $p_i > 0$, so bezeichnen wir mit p_{ij} die bedingte Wahrscheinlichkeit

$$p_{ij} = P(B_j \mid A_i) = P(Y = y_j \mid X = x_i) \, ,$$

die man gegebenenfalls lesen kann als: $p_{ij} = $ „Wahrscheinlichkeit, von i nach j zu gelangen". Offenbar wird

$$p_{ij} = \frac{P(B_j \cap A_i)}{P(A_i)} \, .$$

Bei festem i bilden die p_{ij} einen Wahrscheinlichkeitsvektor, der die b e d i n g t e   V e r t e i l u n g   v o n   Y   b e z ü g l i c h $X = x_i$ darstellt. Diesen Wahrscheinlichkeitsvektor bezeichnen wir durch q_i, d.h.

$$q_i = (p_{i1}, \ldots, p_{im}) \, .$$

Dementsprechend definieren wir für $q_j > 0$ die bedingte Wahrscheinlichkeit q_{ji} durch

$$q_{ji} = P(A_i \mid B_j) = P(X = x_i \mid Y = y_j)$$

und bezeichnen durch $\mathbf{p}_j$ den Wahrscheinlichkeitsvektor

$$\mathbf{p}_j = (q_{j1}, \ldots, q_{jn}).$$

Die Formeln

$$(21) \qquad p_i p_{ij} = q_j q_{ji},$$

$$(22) \qquad q_j = \sum_i p_i p_{ij},$$

$$(23) \qquad p_i = \sum_j q_i q_{ji}$$

stellen die Verbindung zwischen den so eingeführten Größen her[1].

In diese Formeln gehen nun allerdings bedingte Wahrscheinlichkeiten ein, die nicht immer definiert sind. Nichtsdestoweniger bleiben die Formeln i m m e r gültig, wenn wir die Vereinbarung einführen, daß 0 multipliziert mit einem undefiniertem Ausdruck wieder 0 ist. Wir werden im folgenden auch von der Konvention $0 \cdot \infty = 0$ Gebrauch machen.

Da (22) für jedes j gilt, so können wir die Gleichungen in die eine Relation

$$(24) \qquad \mathbf{q} = \sum_i p_i \mathbf{q}_i$$

zusammenfassen, denn wir haben ja:

$$\text{j-te Koordinate von } \sum_i p_i \mathbf{q}_i = \sum_i (\text{j-te Koordinate von } p_i \mathbf{q}_i)$$

$$= \sum_i p_i \cdot \text{j-te Koordinate von } \mathbf{q}_i$$

$$= \sum_i p_i p_{ij}$$

$$= q_j.$$

Gl. (24) gilt auch, obwohl vielleicht einige der Vektoren $\mathbf{q}_i$ nicht definiert sind, indem wir vereinbaren, daß 0, multipliziert mit einem nicht definierten Vektor, der Nullvektor ist.

---

[1] Die Formel (21) wird meist in der Form $q_{ji} = p_i p_{ij}/q_j$ verwendet. Wir erinnern an die Beweise: (21) ist trivial. (22) ergibt sich durch Ausrechnen.

$$q_j = P(B_j) = P(\cup_i (A_i \cap B_j)) = \sum_i P(A_i \cap B_j) = \sum_i p_i p_{ij}.$$

(23) folgt aus (22).

In Verbindung mit (24) führen wir einige allgemeine Definitionen ein. Sind $a_1, \ldots, a_n$ Vektoren, die alle dieselbe Länge, etwa m, haben, so verstehen wir unter einer k o n -v e x e n   K o m b i n a t i o n dieser Vektoren eine Linearkombination der Form

$$s_1 a_1 + \ldots + s_n a_n,$$

wobei $s = (s_1, \ldots, s_n)$ ein Wahrscheinlichkeitsvektor ist. Die Menge aller konvexen Kombinationen der a_i bezeichnen wir durch $co(a_1, \ldots, a_n)$ und nennen sie die von ihnen   a u f g e s p a n n t e   k o n v e x e   H ü l l e . Wir haben danach

$$co(a_1, \ldots, a_n) = \left\{ \sum_i s_i a_i \mid (s_1, \ldots, s_n) \in S_{n-1} \right\}.$$

Die Formel (24) drückt also aus, daß die Verteilung q von Y in der konvexen Hülle der bedingten Verteilungen q_i von Y, gegeben $X = x_i$, liegt. Weiter zeigt die Formel, daß wir als Koeffizienten in der konvexen Kombination die Wahrscheinlichkeiten der Verteilung von X nehmen können.

In Fig. 15 haben wir die von den q_i aufgespannte konvexe Hülle für verschiedene Lagen dieser Vektoren angegeben. Um sie besser zeichnen zu können, haben wir m = 3 angenommen und die q_i in das Simplex S_2 eingebettet. In Analogie zu (24) gilt

$$(25) \qquad p = \sum_j q_j p_j .$$

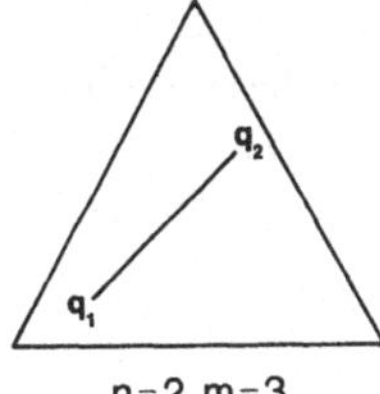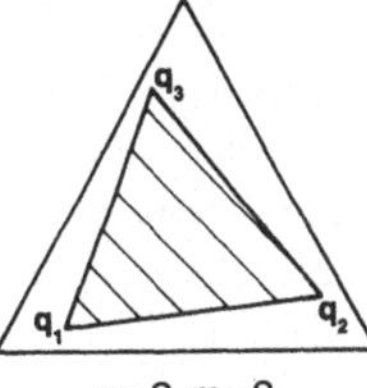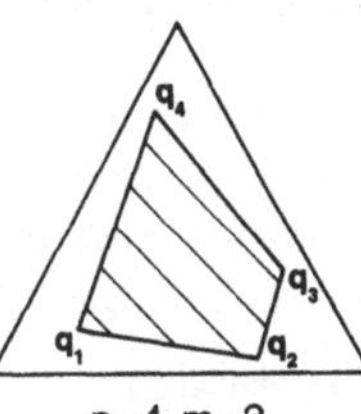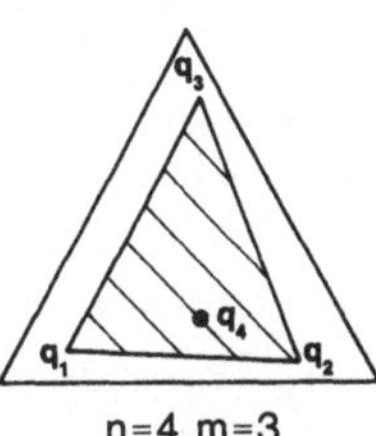

Fig. 15

X heißt   d e t e r m i n i s t i s c h , wenn es ein i gibt, so daß $p_i = 1$.

Die entgegengesetzte Situation zur deterministischen ist diejenige, in der alle p_i gleich groß sind, also $p_1 = p_2 = \ldots = p_n (= 1/n)$. In diesem Fall sagen wir, X sei   g l e i c h -v e r t e i l t .

Wir sagen weiter, Y   s e i   e i n e   K o n s e q u e n z   von X und schreiben $X \frown Y$, wenn es zu jedem i mit $p_i > 0$ ein j gibt, so daß $p_{ij} = 1$. Analog ist X eine Konsequenz von Y und wir schreiben $Y \frown X$, wenn zu jedem j mit $q_j > 0$ ein i mit $q_{ji} = 1$ existiert.

Wie üblich heißen X und Y   u n a b h ä n g i g , wenn

$$P(X = x_i, Y = y_j) = P(X = x_i) \cdot P(Y = y_j)$$

für alle möglichen Werte von i und j. Man sieht leicht, daß X und Y dann und nur dann unabhängig sind, wenn q_i von i im Bereich der i mit $p_i > 0$ nicht abhängt, oder, was auf dasselbe hinausläuft, dann und nur dann, wenn $q_i = q$ für alle i mit $p_i > 0$. Entsprechend gilt, daß X und Y dann und nur dann unabhängig sind, wenn $p_j = p$ für alle j mit $q_j > 0$.

8. Informationstheoretische Grundbegriffe

Den wichtigsten Grundbegriff, nämlich die Entropie, haben wir schon definiert:

$$H(X) = -\Sigma\, p_i \log p_i\,.$$

Ist B ein Ereignis mit $P(B) > 0$, so erklärt man die b e d i n g t e   E n t r o p i e   v o n
X b e z ü g l i c h B als die Entropie der bedingten Verteilung von X bezüglich B, also

$$H(X|B) = H(P(X = x_1|B), \ldots, P(X = x_n|B)).$$

Wir wollen nun eine Größe $H(X|Y)$ definieren, nämlich die b e d i n g t e   E n t r o p i e
v o n   X bezüglich Y, oder in anderen Worten: die e r w a r t e t e   U n b e s t i m m t -
h e i t   v o n   X   n a c h   d e r   B e o b a c h t u n g   v o n   Y. Wenn wir Y beobachten,
so werden wir mit der Wahrscheinlichkeit q_j finden, daß $Y = y_j$. Wenn wir aber wissen,
daß $Y = y_j$ ist, so ändert dies die Verteilung von X: die Verteilung p (die a   p r i o r i
V e r t e i l u n g) geht über in die Verteilung p_j (die a   p o s t e r i o r i   V e r t e i -
l u n g). Der Entropie von X können wir also danach den Wert $H(X|Y = y_j) = H(p_j)$
zuschreiben. Auf diese Weise legen wir X, vermöge der Beobachtung von Y, die Entro-
pie $H(p_j)$ mit der Wahrscheinlichkeit q_j zu. Daher erscheint es vernünftig, $H(X|Y)$ durch
die Gleichung

$$(26) \qquad H(X|Y) = \sum_j q_j H(p_j) = \sum_j q_j H(X|Y = y_i)$$

zu definieren. Wir wollen uns nun noch einmal vorstellen, daß wir Y beobachten. Die
M e n g e   a n   I n f o r m a t i o n   über X, die wir hierdurch i m   D u r c h s c h n i t t
g e w i n n e n, bezeichnen wir durch $I(X|Y)$ und definieren sie im Hinblick auf das
früher diskutierte allgemeine Prinzip (1) durch die Gleichung

$$(27) \qquad I(X\|Y) = H(X) - H(X|Y).$$

Uns fehlt jetzt nur noch eine informationstheoretische Größe, die wir erklären müssen.
Wir gehen aus von einer Situation, in der sich die Verteilung von X aus dem einen oder
anderen Grund von p zu p^* geändert hat, wobei p und p^* beides Elemente von S_{n-1}
sind. Wir möchten die Information über die zufällige Variable X definieren, die wir dadurch gewinnen, daß wir die Änderung von p zu p* bemerkt haben. Wir wollen die
gesuchte Größe kurz den   I n f o r m a t i o n s g e w i n n   nennen und durch $I(p := p^*)$
bezeichnen. Um zu einer Definition zu gelangen, stellen wir uns vor, daß die Person A
die Änderung bemerkt hat, die Person B dagegen nicht. Es handelt sich offenbar darum,
zu messen, um wieviel sich nun A besser steht als B. Ursprünglich, als die Verteilung
von X gleich p war, hatten A und B beide ihren optimalen Code an p angepaßt, d.h. sie
hatten dem Ereignis $A_i = \{X = x_i\}$ ein Codewort etwa der Länge $- \log p_i$ entsprechen
lassen. Nun ändert sich die Verteilung von p zu p*, und A, der die Veränderung bemerkt,
ändert seinen Code sogleich und konstruiert einen neuen optimalen Code, der an p*
angepaßt ist. Er läßt dem Ereignis A_i jetzt ein Codewort etwa der Länge $- \log p_i^*$ entsprechen. Um das Ergebnis von X zu bestimmen, braucht er im Durchschnitt
$\Sigma\, p_i^* (- \log p_i^*)$ bit. B dagegen bemerkt die Änderung nicht, benutzt immer noch den

alten Code und braucht daher im Durchschnitt $\Sigma\, p_i^*\,(-\log p_i)$ bit, um den Ausgang von X zu bestimmen. Daher braucht er

$$\Sigma\, p_i^*\,(-\log p_i) - \Sigma\, p_i^*\,(-\log p_i^*) = \Sigma\, p_i^*\,\log\frac{p_i^*}{p_i}$$

bit mehr als A. Auf Grund dessen definieren wir nun $I(p := p^*)$ durch die Gleichung

$$(28) \qquad I(p := p^*) = \sum_i p_i^*\,\log\frac{p_i^*}{p_i}\,.$$

In gewisser Hinsicht ist der Informationsgewinn der wichtigste Grundbegriff, sogar wichtiger als die Entropie.

Aus dem Lemma 1 in Abschn. 4 ergibt sich, daß stets $I(p := p^*) \geqslant 0$. Da wir in (28) den Wert 0 für p_i nicht ausgeschlossen haben, so kann $I(p := p^*) = \infty$ sein, nämlich dann, wenn es ein i mit $p_i = 0$ und $p_i^* > 0$ gibt. In diesem Fall sagen wir, daß ein n e u e s   E r e i g n i s   v e r u r s a c h t   wurde.

Satz 1 (D i e   w i c h t i g s t e n   G l e i c h u n g e n   d e r   I n f o r m a t i o n s - t h e o r i e) . Die eingeführten Größen sind durch die folgenden Gleichungen verbunden:

$$(29) \qquad H(X, Y) = H(X) + H(Y|X),$$

$$(30) \qquad I(X\|Y) = H(X) + H(Y) - H(X, Y),$$

$$(31) \qquad I(X\|Y) = I(Y\|X),$$

$$(32) \qquad I(X\|Y) = \sum_j q_j I(p := p_j),$$

$$(33) \qquad I(X\|Y) = \sum_i p_i I(q := q_i).$$

Bei einer beliebigen Verteilung $q^* \in S_{m-1}$ gilt

$$(34) \qquad I(X\|Y) + I(q^* := q) = \sum_i p_i I(q^* := q_i)\,.$$

Bevor wir den Satz beweisen, wollen wir an die einzelnen Gleichungen einige Bemerkungen knüpfen.

Auf der linken Seite von (29) bedeutet H(X, Y) die Entropie der (verallgemeinerten) zufälligen Variablen (X, Y), die die $n \cdot m$ Werte (x_i, y_j) annimmt, wobei i und j unabhängig voneinander die Werte $1, \ldots, n$ bzw. $1, \ldots, m$ durchlaufen. Man beachte den intuitiven Inhalt von (29): Um (X, Y) festzulegen, können wir erst X bestimmen und danach Y. Um X zu bestimmen, brauchen wir H(X) bit, und zur Bestimmung von Y benötigen wir dann, wenn X bekannt ist, im Durchschnitt H(Y|X) bit.

Auch (32) ist anschaulich klar: Wenn wir Y beobachten, so finden wir mit der Wahrscheinlichkeit q_j, daß Y den Wert y_j annimmt. Dies ändert die Verteilung von X von p zu p_j und gibt uns daher einen Informationsgewinn von $I(p := p_j)$ bit. (32) drückt also aus, daß $I(X\|Y)$ der Durchschnitt dieser Informationsgewinne ist. Tatsächlich wäre (32) als Definition von $I(X\|Y)$ ebenso vernünftig wie (27). In gewisser Hinsicht ist (32) sogar vorzuziehen, vor allem, wenn man an Verallgemeinerungen auf kontinuierliche Verteilungen interessiert ist.

Die Gleichung (34) kann $\infty = \infty$ ergeben. Sie soll in folgendem Sinne zu verstehen sein: entweder sind linke und rechte Seite beide gleich ∞ oder beide sind endlich und gleich groß. Man beachte weiter, daß (34) als Verallgemeinerung von (33) angesehen werden kann, da sich (33) aus (34) in dem Spezialfall $q^* = q$ ergibt.

Der Beweis ist nun äußerst einfach, da wir nur die additive Eigenschaft der Logarithmusfunktion ausnutzen.

B e w e i s :

$$(29): \quad H(X, Y) = - \sum_{i,j} P(X = x_i, Y = y_j) \log P(X = x_i, Y = y_j)$$

$$= - \sum_{i,j} p_i p_{ij} \log (p_i p_{ij})$$

$$= - \sum_{i,j} p_i p_{ij} \log p_i - \sum_{i,j} p_i p_{ij} \log p_{ij}$$

$$= - \sum_{i} p_i \log p_i \sum_{j} p_{ij} - \sum_{i} p_i \sum_{j} p_{ij} \log p_{ij}$$

$$= - \sum_{i} p_i \log p_i + \sum_{i} p_i H(q_i) = H(X) + H(Y \mid X).$$

$$(30): \quad I(X\|Y) = H(X) - H(X \mid Y) = H(X) - [H(X, Y) - H(Y)]$$

$$= H(X) + H(Y) - H(X, Y) .$$

(31): Folgt aus (30).

$$(32): \quad \sum_{j} q_j I(p := p_j) = \sum_{j} q_j (\sum_{i} q_{ji} \log q_{ji} - \sum_{i} q_{ji} \log p_i)$$

$$= \sum_{j} q_j (- H(p_j)) - \sum_{j} \sum_{i} q_j q_{ji} \log p_i$$

$$= - H(X \mid Y) - \sum_{i} \log p_i \sum_{j} q_j q_{ji}$$

$$= - H(X \mid Y) + H(X) = I(X \| Y).$$

(33): folgt aus (31) und (32).

$$(34): \quad \sum_{i} p_i I(q^* := q_i) = \sum_{i} p_i \sum_{j} p_{ij} \log \left(\frac{p_{ij}}{q_j} \cdot \frac{q_j}{q_j^*} \right)$$

$$= \sum_{i} p_i \sum_{j} p_{ij} \log \frac{p_{ij}}{q_j} + \sum_{j} \sum_{i} p_i p_{ij} \log \frac{q_j}{q_j^*}$$

$$= \sum_{i} p_i I(q := q_i) + \sum_{j} q_j \log \frac{q_j}{q_j^*} = I(X \| Y) + I(q^* := q). \quad \blacksquare$$

Beispiel 1. Die Person A nimmt eine Kugel aus einer von zwei Urnen. Die erste Urne enthält 4 weiße, 3 rote und 1 schwarze Kugel. In der zweiten Urne liegen 6 weiße und 2 rote Kugeln. Wir möchten wissen, aus welcher Urne A die Kugel genommen hat; dies ist die zufällige Variable X. Wir können jedoch nur die Farbe der gewählten Kugel beobachten; dies ist die zufällige Variable Y, wobei wir setzen $Y = 1$, wenn die Kugel weiß ist, $Y = 2$, wenn sie rot ist, und $Y = 3$, wenn sie schwarz ist.

A beschließt nun zuerst, aus welcher Urne er ziehen soll; wir nehmen an, daß $p_1 = p_2 = \frac{1}{2}$. Danach nimmt er rein zufällig eine Kugel aus der betreffenden Urne.

Die bedingte Verteilung von Y gegeben $X = 1$ bzw. $X = 2$ ist offenbar

$$q_1 = \left(\frac{1}{2}, \frac{3}{8}, \frac{1}{8}\right), \qquad q_2 = \left(\frac{3}{4}, \frac{1}{4}, 0\right).$$

Da $p_1 = p_2 = \frac{1}{2}$, so wird die Verteilung von Y gleich $q = \frac{1}{2} q_1 + \frac{1}{2} q_2$, d.h.

$$q = \left(\frac{5}{8}, \frac{5}{16}, \frac{1}{16}\right).$$

Man kann nun die bedingte Verteilung von X gegeben $Y = 1, 2$ oder 3 aus (21) erhalten. Man findet

$$p_1 = \left(\frac{2}{5}, \frac{3}{5}\right), \qquad p_2 = \left(\frac{3}{5}, \frac{2}{5}\right), \qquad p_3 = (1, 0).$$

Wir haben damit

$$H(X \mid Y) = \frac{5}{8} H\left(\frac{2}{5}, \frac{3}{5}\right) + \frac{5}{16} H\left(\frac{3}{5}, \frac{2}{5}\right) + \frac{1}{16} H(1, 0) = \frac{15}{16} H\left(\frac{2}{5}, \frac{3}{5}\right)$$

$$= 0{,}91.$$

Folglich ist die Information über X, die wir vermöge der Beobachtung von Y gewinnen, gleich

$$I(X \parallel Y) = H(X) - H(X \mid Y) = 1{,}00 - 0{,}91 = 0{,}09.$$

Das Beispiel kann leicht verallgemeinert werden (mehrere Urnen oder mehrere Farben) und kann dann als Modell für verschiedene Situationen dienen, in denen eine Person oder eine Gruppe von Personen Entscheidungen treffen. Die Möglichkeiten, zwischen denen sie wählen können, werden durch die Urnen beschrieben. Jede Entscheidung kann diverse Wirkungen haben, die durch die Farben symbolisiert werden. Ein und dieselbe Wirkung („Farbe") kann auf Grund mehrerer Ursachen („Urnen") zustande kommen, und unsere Aufgabe ist es, etwas über die Ursachen zu sagen, wenn wir die Wirkungen beobachtet haben.

Als nächstes wollen wir die wichtigsten Ungleichungen zwischen den eingeführten Größen beweisen. Wir werden auch für jede Ungleichung notwendige und hinreichende Bedingungen für die Gültigkeit des Gleichheitszeichens angeben.

Satz 2 (Die wichtigsten Ungleichungen der Informationstheorie).

$$(35) \quad \begin{cases} 0 \leqslant H(X) \leqslant \log n \\ \quad \updownarrow \qquad\quad \updownarrow \\ X \text{ determi-} \ X \text{ gleich-} \\ \quad \text{nistisch} \quad \text{verteilt} \end{cases}$$

$$(36) \quad \begin{cases} 0 \leqslant I(p := p^*) \leqslant \infty \\ \quad \updownarrow \qquad\qquad \updownarrow \\ p = p^* \quad \text{ein neues Ereignis wird verursacht} \end{cases}$$

$$(37) \quad \begin{cases} 0 \leqslant H(X \,|\, Y) \leqslant H(X) \\ \quad \updownarrow \qquad\qquad \updownarrow \\ Y \frown X \qquad X, Y \text{ unabhängig} \end{cases}$$

$$(38) \quad \begin{cases} 0 \leqslant I(X \,\|\, Y) \leqslant H(X) \\ \quad \updownarrow \qquad\qquad \updownarrow \\ X, Y \text{ un-} \quad Y \frown X \\ \text{abhängig} \end{cases}$$

$$(39) \quad \begin{cases} H(X) \leqslant H(X, Y) \leqslant H(X) + H(Y) \\ \quad \updownarrow \qquad\qquad \updownarrow \\ X \frown Y \qquad X, Y \text{ unabhängig.} \end{cases}$$

Man beachte, daß sämtliche Ungleichungen mit dem übereinstimmen, was man von vornherein erwarten konnte. Dasselbe gilt auch für die angeführten notwendigen und hinreichenden Bedingungen für die Gültigkeit des Gleichheitzeichens.

B e w e i s . (35): Die erste Ungleichung folgt unmittelbar aus der Formel $H(X) = - \Sigma p_i \log p_i$, und die zweite ist eine Wiederholung des Satzes 2 in Abschn. 4.

(36): Die erste Ungleichung ist eine Wiederholung des Lemmas 1 aus Abschn. 4, und die andere wurde schon in Verbindung mit der Definition (28) diskutiert.

(37), erste Ungleichung: Aus (26) ersieht man, daß $H(X \,|\, Y) \geqslant 0$ und daß das Gleichheitszeichen dann und nur dann gilt, wenn $q_j > 0 \Rightarrow H(p_j) = 0$, d.h. wegen (35), dann und nur dann, wenn $q_j > 0 \Rightarrow \exists_i q_{ji} = 1$. Dies ist aber gerade die Bedingung dafür, daß X eine Konsequenz von Y darstellt.

(38), zweite Ungleichung: Folgt aus (27) und (37), erste Ungleichung.

(38), erste Ungleichung: Aus (32) und (36) ersieht man, daß $I(X \,\|\, Y) \geqslant 0$, und daß das Gleichheitszeichen dann und nur dann gilt, wenn $p = p_j$ ist für alle j mit $q_j > 0$. Diese Bedingung ist aber gerade äquivalent damit, daß X und Y unabhängig sind.

(37) zweite Ungleichung: Folgt aus (27) und (38), erste Ungleichung.

(39): folgt aus (29) und (37). ∎

Die zweite Ungleichung in (37) heißt die S h a n n o n s c h e   U n g l e i c h u n g .

Die Ergebnisse, die wir hier bekommen haben, können verallgemeinert werden auf den Fall mehrerer zufälliger Variabler. Wir wollen uns damit begnügen, eine Verallgemeinerung der Gleichung (29) anzugeben.

Satz 3. Es seien $X_1, X_2, \ldots, X_N$ zufällige Variable. Dann gilt die Gleichung

$$(40) \qquad H(X_1, X_2, \ldots, X_N) = H(X_1) + \sum_{\nu=2}^{N} H(X_\nu \mid X_1, \ldots, X_{\nu-1}).$$

B e w e i s . Es ist zweckmäßig, zunächst die allgemeine Gleichung

$$(41) \qquad H(X, Y \mid Z) = H(X \mid Z) + H(Y \mid X, Z)$$

abzuleiten, die ebenfalls als Verallgemeinerung von (29) angesehen werden kann. Für den, der den Begriff der bedingten Wahrscheinlichkeit beherrscht, ist (41) tatsächlich eine triviale Folge von (29). Man kann aber auch leicht einen direkten Beweis geben. Bezeichnen wir durch C_k die Ereignisse, die der zufälligen Variablen Z entsprechen, so haben wir

$$
\begin{aligned}
H(X, Y \mid Z) &= \sum_k P(C_k)\, H(X, Y \mid C_k) \\[2mm]
&= -\sum_k \sum_{i,j} P(C_k)\, P(A_i \cap B_j \mid C_k)\, \log P(A_i \cap B_j \mid C_k) \\[2mm]
&= -\sum_k \sum_{ij} P(C_k)\, P(A_i \mid C_k)\, P(B_j \mid A_i \cap C_k)\, \log P(A_i \mid C_k) \\[2mm]
&\quad - \sum_k \sum_{ij} P(C_k)\, P(A_i \mid C_k)\, P(B_j \mid A_i \cap C_k)\, \log P(B_j \mid A_i \cap C_k) \\[2mm]
&= -\sum_k \sum_i P(C_k)\, P(A_i \mid C_k)\, \log P(A_i \mid C_k) + \sum_k \sum_i P(A_i \cap C_k)\, H(Y \mid A_i \cap C_k) \\[2mm]
&= H(X \mid Z) + H(Y \mid X, Z).
\end{aligned}
$$

Damit ist (41) verifiziert.

Um nun (40) zu beweisen, wenden wir zunächst (29) an mit $X := X_1$ und $Y := X_2, \ldots, X_n$. Dann bekommen wir

$$H(X_1, \ldots, X_n) = H(X_1) + H(X_2, \ldots, X_n \mid X_1).$$

Benutzen wir hier die Gleichung (41) mit $X := X_2$, $Y := X_3, \ldots, X_n$ und $Z := X_1$, so finden wir

$$H(X_1, \ldots, X_n) = H(X_1) + H(X_2 \mid X_1) + H(X_3, \ldots, X_n \mid X_1, X_2).$$

Indem wir (41) noch einmal anwenden, diesesmal mit $X := X_3$, $Y := X_4, \ldots, X_n$ und $Z := X_1, X_2$, und auf diese Weise fortfahren, erhalten wir schließlich das gewünschte Resultat. ∎

Aufgaben. 1. Es seien A und a Gene für dieselbe Eigenschaft, und A dominiere a. In einer Population seien 25 % Individuen vom Genotyp aa, 50 % vom Genotyp Aa und 25 % vom Genotyp AA. Welche Informationsmenge über den Genotyp eines Individuums gewinnt man durchschnittlich, wenn man seinen Phänotyp beobachtet?

2. $I(X \parallel Y)$ sei der Durchschnitt der Größen

$$\Delta_j = H(X) - H(X \mid Y = y_j).$$

Man konstruiere ein Beispiel, in dem eines oder mehrere der Δ_j negativ sind.

3. Es sei f eine auf dem Wertebereich von X definierte Funktion. Man gebe einen einfachen Beweis für die Ungleichung

$$H(f \circ X) \leqslant H(X)$$

und diskutiere, wann das Gleichheitszeichen gilt.

4. Es seien p_k; $k = 1, \ldots, N$ Wahrscheinlichkeitsvektoren derselben Länge n. Weiter sei $(s_1, \ldots, s_N)$ ein Wahrscheinlichkeitsvektor. Die konvexe Kombination

$$p_0 = \sum_{k=1}^{N} s_k p_k$$

hat die Tendenz, die p_k „mehr gleichverteilt" zu machen, und wir erwarten daher, daß

$$H(p_0) \geqslant \sum_{k=1}^{N} s_k H(p_k).$$

Man beweise diese Ungleichung, deren Inhalt wir dadurch ausdrücken, daß wir sagen, H sei eine k o n k a v e Funktion.

5. Man beweise die Ungleichungen

$$H(X, Y \mid Z) \leqslant H(X \mid Z) + H(Y \mid Z),$$
$$H(X \mid Y, Z) \leqslant H(X \mid Y),$$
$$I(X \| Y, Z) \geqslant I(X \| Y).$$

6. Man gebe eine vernünftige Definition von

$$I(X \| Y \to Z) \, ,$$

der erwarteten Informationsmenge, die wir über X gewinnen bei einem Handlungsablauf mit dem Anfangszustand „Y ist beobachtet" und dem Endzustand „Z ist beobachtet". Man beweise, daß

$$I(X \| Y) + I(X \| Y \to Z) = I(X \| Y, Z) \, .$$

7. Ein Wahrscheinlichkeitsfeld (Ω, P) habe einen aus $n \cdot m$ Ausgängen bestehenden Ergebnisraum von der Form

$$\Omega = \{(x_i, y_j) \mid i = 1, \ldots, n, \quad j = 1, \ldots, m\}.$$

Die zufälligen Variablen X und Y seien gegeben durch

$$X(x_i, y_j) = x_i, \quad Y(x_i, y_j) = y_j; \quad (x_i, y_j) \in \Omega \, .$$

Mit $p \times q$ bezeichnen wir die Produktverteilung von p und q, d.h. die Wahrscheinlichkeitsfunktion auf Ω, die dem Ausgang (x_i, y_j) die Wahrscheinlichkeit $p_i q_j$ gibt. Man beweise, daß

$$I(X \| Y) = I(p \times q := P).$$

8. Es sei Ω wie in Aufgabe 7 definiert. Weiter sei $p, p^* \in S_{n-1}$ und $q, q^* \in S_{m-1}$. Man beweise die Formel

$$I(p \times q := p^* \times q^*) = I(p := p^*) + I(q := q^*).$$

9. Man beweise, daß $I(p := p^*)$ als Funktion von p stetig ist. Genauer gesagt meinen wir hiermit folgendes: Ist $p_\nu \to p$ für $\nu \to \infty$ und $I(p_\nu := p^*) < \infty$ für alle ν, so wird auch $I(p := p^*) < \infty$ und $I(p_\nu := p^*) \to I(p := p^*)$ für $\nu \to \infty$.

9. Die Codierungsmethode von Shannon und Fano

Um das Prinzip dieser Methode zu erklären, benutzen wir die Relation (40). In der Aufgabe 4 in Abschn. 5 hatten wir sie schon an einem Beispiel kennengelernt.

Unser Ausgangspunkt ist ein Versuch, der durch eine zufällige Variable X beschrieben wird. Wir betrachten zunächst einen beliebigen Code κ für X mit den Codeworten $\kappa(A_1), \ldots, \kappa(A_n)$. Zur Vereinfachung nehmen wir an, daß κ binär ist. Mit N bezeichnen wir im folgenden die größte Länge der Codewörter $\kappa(A_1), \ldots, \kappa(A_n)$. Sodann definieren wir N zufällige Variable $X_1, \ldots, X_N$. Für $\omega \in A_i$ und $\nu \leqslant N$ setzen wir $X_\nu(\omega) =$ ν-te Ziffer in $\kappa(A_i)$, wenn $|\kappa(A_i)| \geqslant \nu$. Gilt dagegen $|\kappa(A_i)| < \nu$, so ist es für die folgenden Betrachtungen belanglos, wie wir $X_\nu(\omega)$ erklären. Als Beispiel geben wir die Tab. 18. Darin haben wir durch * gekennzeichnet, wo $|\kappa(A_i)| < \nu$ ist.

Tab. 18

$\mathscr{A}$	p	X_1	X_2	X_3	X_4
A_1	$\dfrac{1}{2}$	0	*	*	*
A_2	$\dfrac{1}{4}$	1	0	*	*
A_3	$\dfrac{1}{16}$	1	1	0	0
A_4	$\dfrac{1}{16}$	1	1	0	1
A_5	$\dfrac{1}{16}$	1	1	1	0
A_6	$\dfrac{1}{16}$	1	1	1	1

Der Vektor $(X_1, \ldots, X_N)$ nimmt offenbar n Werte mit derselben Verteilung wie X an.

Daher ist $H(X) = H(X_1, \ldots, X_N)$. Aus (40) finden wir somit

$$(42) \qquad H(X) = H(X_1) + H(X_2 | X_1) + \ldots + H(X_N | X_1, \ldots, X_{N-1}).$$

Bei der Codierung nach Shannon und Fano bestimmen wir nun sukzessive $X_1, X_2, \ldots$ derart, daß das betreffende Glied in (42) zum Maximum gemacht wird. Die Idee ist die, daß die durchschnittliche Anzahl von Ziffern, die wir insgesamt brauchen, minimal wird, wenn wir die Informationsmenge, die wir aus jeder einzelnen Ziffer gewinnen, so groß wie möglich machen.

Der erste Schritt besteht darin, X_1 so zu bestimmen, daß $H(X_1)$ maximal wird. Im Beispiel entspricht das einer Aufteilung der Ereignisse in zwei Teile, von denen der eine aus A_1 und der andere aus A_2, A_3, A_4, A_5, A_6 besteht.

Im nächsten Schritt bestimmen wir X_2 so, daß $H(X_2 | X_1)$ maximal wird. Wir haben

$$H(X_2 | X_1) = P(X_1 = 0) \, H(X_2 | X_1 = 0) + P(X_1 = 1) H(X_2 | X_1 = 1)$$

und müssen daher X_2 so festlegen, daß $H(X_2 | X_1 = 0)$ und $H(X_2 | X_1 = 1)$ beide maximal werden. In unserem Beispiel gilt $X_1 = 0$ nur für das eine Ereignis A_1; daher ist $H(X_2 | X_1 = 0) = 0$ und es ist gleichgültig, wie X_2 auf A_1 festgelegt wird. Wir schreiben dort $X_2 = *$. In dem Beispiel sehen wir auch leicht, daß $H(X_2 | X_1 = 1)$ mit der in der Tabelle angegebenen Wahl von X_2 maximal wird.

Auf diese Weise setzen wir den Prozeß fort mit der Konstruktion von X_3, X_4 usw., bis wir kein längeres Codewort mehr brauchen. Wenn der Prozeß abgeschlossen ist, haben wir einen Shannon-Fanoschen Code für X gefunden.

Aus den obigen Überlegungen ergibt sich nicht, ob ein Shannon-Fanoscher Code optimal ist. Tatsächlich kann man leicht sehen, daß das nicht der Fall zu sein braucht (Aufgabe 3 dieses Abschnitts und Aufgabe 4 in Abschn. 5).

Normalerweise ist daher Huffmans Methode vorzuziehen. Es kommt jedoch nur selten vor, daß ein Shannon-Fanoscher Code eine mittlere Länge hat, die sich wesentlich von dem optimalen Wert H_0 unterscheidet.

Oft stellt sich heraus, daß man den Code nicht völlig frei wählen kann, wie in den Beispielen unten, und dann ist die Methode von Shannon und Fano ein gangbarer Weg. In dem oben beschriebenen Maximierungsverfahren zur Konstruktion der zufälligen Variablen X_k muß man dabei die durch die vorliegende Sachlage diktierten Beschränkungen berücksichtigen.

Beispiel 1. Bei einem jungen Mann zeigt sich das Symptom des erhöhten Blutdrucks. Er kann dann an einer der folgenden fünf Krankheiten leiden:

S_1:   Essentielle Hypertonie, d.h. erhöhter Blutdruck, der nicht durch ein anderes bekanntes Leiden erklärt werden kann.

S_2:   Verengung einer Nierenarterie.

S_3:   Ein entzündungsähnlicher Zustand der Nieren.

S_4:   Eine Geschwulst im Nebennierenmark.

S_5:   Eine Geschwulst in der Nebennierenrinde.

Die Wahrscheinlichkeiten dafür, daß der Patient an einer dieser Krankheiten leidet, sind

der Reihe nach 90, 5, 3, 1 $\frac{1}{2}$ und $\frac{1}{2}$ %.

Als Hilfsmittel zum Stellen einer Diagnose verfügt man über vier Untersuchungen:
U_1:   Standardröntgenuntersuchung der Urinwege.
U_2:   Röntgenuntersuchung der Nierenarterien.
U_3:   Untersuchung des Urins auf seinen Gehalt an Nebennierenmarkhormon.
U_4:   Bestimmung des Natrium- und Kaliumgehalts im Blut.
Jede Untersuchung hat als Resultat entweder eine positive oder eine negative Reaktion.
Das folgende Schema (Tab. 19) gibt an, wie ein Patient auf die vier Untersuchungen
in Abhängigkeit von den fünf Krankheiten reagiert:

Tab. 19

	U_1	U_2	U_3	U_4
S_1	−	−	−	−
S_2	+	+	−	−
S_3	+	−	−	−
S_4	−	−	+	−
S_5	−	−	−	+

Wir möchten die durchschnittliche Anzahl von Untersuchungen, die wir zum Stellen
einer Diagnose brauchen, minimal machen.

Nach der Shannon-Fanoschen Methode werden wir als erste Untersuchung U_1 anwenden, denn U_1 ist diejenige der 4 Untersuchungen, die die Krankheitsmöglichkeiten in
zwei Gruppen einteilt, für die der zugehörige Wahrscheinlichkeitsvektor die größte Entropie hat. Wir können nun leicht sehen, wie wir das Verfahren fortsetzen werden.

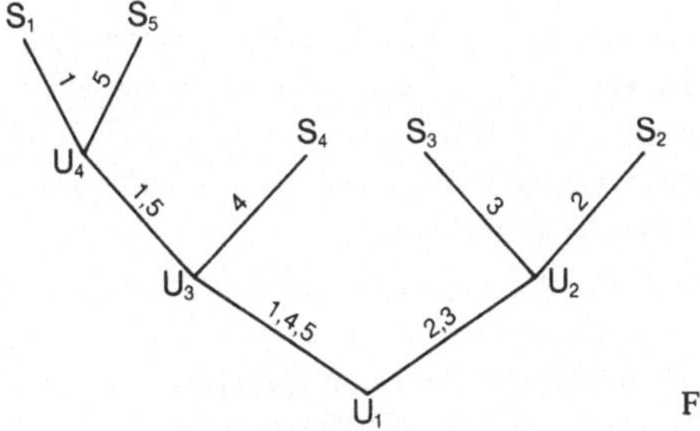

Es ist hier wohl nicht so aufschlußreich, das Ergebnis in Form eines Codebuchs anzugeben. Wir werden stattdessen einen Codebaum (Fig. 16) zeichnen, in dem wir zu jedem
Knotenpunkt diejenige Untersuchung angeben, die in dem betreffenden Schritt vorzu-
nehmen ist. Eine Linie nach links bedeutet eine negative Reaktion, eine nach rechts eine
positive. Auf den Linien ist außerdem angegeben, welche Krankheiten zu der betreffenden Reaktion führen. In den Endpunkten steht die richtige Diagnose.

Man kann leicht nachprüfen, daß das Diagnoseprogramm der Abbildung optimal ist unter allen Codes, die sich auf den vier Untersuchungen $(U_1, \ldots, U_4)$ aufbauen. Die durchschnittliche Anzahl von Untersuchungen, die man dabei braucht, beträgt 2,9. Zum Vergleich diene, daß $H_0 = 1,2$ und $H = 0,635$ ist.

Natürlich handelt es sich hier um ein vereinfachtes Beispiel, das die wirkliche Problemstellung nur angenähert wiedergibt. Informationstheoretische Überlegungen können jedoch der Medizin in komplizierteren Situationen durchaus nützen. Natürlich muß man voraussetzen, daß man die Wahrscheinlichkeiten, die in das Modell eingehen, mit hinreichender Genauigkeit bestimmen kann.

Beispiel 2. Gegeben seien 12 äußerlich gleichartige Kugeln, von denen man jedoch weiß, daß eine von ihnen nicht genau dasselbe wiegt wie die anderen. Man weiß aber nicht, ob sie mehr oder weniger als die „normalen" Kugeln wiegt. Mit sowenig Wägungen wie möglich soll man nun diese Kugel herausfinden und sagen, ob sie schwerer oder leichter als die normalen ist. Uns steht dafür nur eine Waage mit zwei Schalen ohne Gewichte zur Verfügung.

Eine einzelne Wägung besteht darin, daß wir eine gewisse Anzahl (≤ 6) von Kugeln auf die linke und ebenso viele auf die rechte legen. Es gibt dann drei Möglichkeiten: die linke Schale ist schwerer (ℓ), die rechte ist schwerer (r) oder sie wiegen gleichviel (g).

Es gibt 24 Ereignisse: $1+, 1-, 2+, 2-, \ldots, 12+, 12-$, wobei i+ bedeutet, daß die Kugel Nr. i schwerer ist als die anderen, und i−, daß sie leichter ist.

Es ist nun klar, daß jeder Wägeprozeß, den man benutzen kann, um festzustellen, welches dieser 24 Ereignisse eingetreten war, durch einen dreiwertigen Code mit dem Codealphabet $K = \{\ell, r, g\}$ beschrieben werden kann. Dagegen ist es nicht richtig, daß jedem dreiwertigen Code ein Wägeprozeß entspricht (Man prüfe dies nach!).

Auf diese Weise gesehen ist es nicht nötig, den Ausgängen Wahrscheinlichkeiten zu geben. Es empfiehlt sich jedoch, jedem der 24 Ausgänge die Wahrscheinlichkeit $\frac{1}{24}$ zuzuschreiben. Einerseits erscheint es natürlich, daß die Ausgänge gleich wahrscheinlich sind, andererseits ist es anschaulich klar, daß der Aufgabe, die kleinstmögliche Anzahl von Wägungen zu finden, ein Wägeprozeß entspricht, bei dem die durchschnittliche Anzahl von Wägungen am kleinsten wird, falls man Durchschnitte unter der Voraussetzung gleichwahrscheinlicher Ausgänge ausrechnet.

Da $24 > 3^2$ ist, können wir unmöglich mit 2 Wägungen auskommen. Wegen $24 < 3^3$ gibt es einen dreiwertigen Code mit maximaler Codewortlänge 3. Man weiß jedoch von vornherein nicht, ob ein solcher Code existiert, der einem Wägeprozeß entspricht. Wir werden zeigen, daß er in der Tat existiert und dazu die Methode von Shannon und Fano benutzen.

Zuerst legen wir den Wert X_1 des ersten Buchstabens fest. X_1 kann den Wert ℓ, r oder g annehmen. Wir sehen, daß $H(X_1)$ maximal wird, wenn X_1 eine Einteilung der 24 Ausgänge in 3 Gruppen zu je 8 Ausgängen definiert. Bei der ersten Wägung können wir daher die Kugeln Nr. 1, 2, 3, 4 auf die linke und die Kugeln Nr. 5, 6, 7, 8 auf die rechte Waagschale legen.

F a l l 1. $X_1 = $ (die erste Wägung ergibt gleiche Gewichte). In diesem Fall muß einer
der 8 Ausgänge 9±, 10±, 11±, 12± vorliegen. Wir definieren den Wert von X_2 für diese
8 Ausgänge so, daß $H(X_2 | X_1 = g)$ größtmöglich wird. $H(X_2 | X_1 = g)$ ist die Entropie
eines Wahrscheinlichkeitsvektors der Länge 3, und dieser Wahrscheinlichkeitsvektor
hängt ab von der Zerlegung der 8 Ausgänge, die X_2 erzeugt. Es gibt 10 mögliche Wahrscheinlichkeitsvektoren, nämlich, der Größe nach geordnet, die folgenden:

$$\left(\frac{8}{8}, 0, 0\right), \left(\frac{7}{8}, \frac{1}{8}, 0\right), \left(\frac{6}{8}, \frac{2}{8}, 0\right), \left(\frac{6}{8}, \frac{1}{8}, \frac{1}{8}\right), \left(\frac{5}{8}, \frac{3}{8}, 0\right)$$

$$\left(\frac{5}{8}, \frac{2}{8}, \frac{1}{8}\right), \left(\frac{4}{8}, \frac{4}{8}, 0\right), \left(\frac{4}{8}, \frac{3}{8}, \frac{1}{8}\right), \left(\frac{4}{8}, \frac{2}{8}, \frac{2}{8}\right), \left(\frac{3}{8}, \frac{3}{8}, \frac{2}{8}\right).$$

Es ist wohl ohne jede Rechnung klar, daß der letzte die größte Entropie hat. Im übrigen
könnten wir auch die Methode ein wenig modifizieren, indem wir X_2 so wählten, daß
die wirkliche Entropie maximal würde. Da bei dem letzten der 10 Wahrscheinlichkeitsvektoren die größte Wahrscheinlichkeit minimal ist, so hat er die größte wirkliche
Entropie (s. Gl. (18)). Schließlich können wir uns von vornherein folgendes sagen:
Wenn die zweite Wägung eine Einteilung bestimmt, die einem der ersten 9 Wahrscheinlichkeitsvektoren entspricht, so kann die Aufgabe nicht mit drei Wägungen gelöst werden, denn dann laufen wir das Risiko, daß nach der zweiten Wägung noch 4 oder mehr
Möglichkeiten offen sind, und zwischen denen können wir unmöglich durch 1 weitere
Wägung entscheiden.

Die Frage ist daher, ob die zweite Wägung im Fall $X_1 = g$ so gewählt werden kann, daß
sie die 8 Ausgänge 9±, 10±, 11±, 12± in 3 Gruppen zerlegt, von denen 2 aus 3 Ausgängen
bestehen und die dritte aus 2 Ausgängen. Trifft dies zu, so sieht man leicht, daß in die
zweite Wägung 3 der 4 verdächtigen Kugeln eingehen müssen. Es können nicht alle eingehen, und gehen weniger als 3 ein, so sind wir schlecht dran im Fall gleicher Gewichte.
Es ergibt sich nun, daß wir das Gewünschte erreichen können, indem wir die Kugeln
Nr. 1 und 9 auf der linken Schale gegen Nr. 10 und 11 auf der rechten aufwiegen.

Wir sehen auch, daß wir jetzt den tatsächlichen Ausgang mit e i n e r weiteren Wägung
feststellen können: ist $X_2 = g$, so wiegen wir die Kugel Nr. 1 gegen Nr. 12 auf, und ist
$X_2 = \ell$ oder $X_2 = r$, so wiegen wir Nr. 10 gegen Nr. 11 auf.

F a l l 2. $X_1 = $ (bei der ersten Wägung ist die linke Schale schwerer). Hier muß einer
der Ausgänge 1+, 2+, 3+, 4+, 5−, 6−, 7−, 8− vorliegen. Analog zur Diskussion im
Fall $X_1 = g$ stellt sich das Problem, die zweite Wägung so zu bestimmen, daß wir eine
Einteilung der 8 Ausgänge in zwei Gruppen zu 3 Ausgängen und eine Gruppe mit
2 Ausgängen bekommen. Damit dies erreicht wird, müssen in die zweite Wägung entweder 5 oder 6 der verdächtigen Kugeln eingehen. Es gibt viele Möglichkeiten, nämlich
13, das zu erreichen; z.B. können wir die Kugeln Nr. 1, 2, 9 gegen die Kugeln Nr. 3, 4,
5 aufwiegen.

Wir sehen schließlich, daß wir den tatsächlichen Ausgang mit nur einer weiteren Wägung
bestimmen können.

F a l l 3. $X_1 = r$. Wird analog zum Fall $X_1 = \ell$ behandelt.

B e m e r k u n g . Immer dann, wenn praktische Erwägungen der Anwendung eines bestimmten Code im Wege stehen, empfiehlt es sich, die Methode von Shannon und Fano zu benutzen.

Als weiteres Beispiel wollen wir nur noch darauf hinweisen, daß man diese Methode möglicherweise dazu verwenden kann, die in einem Pflanzenbestimmungsbuch angegebene Strategie zur Identifizierung einer gegebenen Pflanze kritisch unter die Lupe zu nehmen.

Aufgaben. 1. Für $(n, m) = (2, 4)$ und $(n, m) = (3, 13)$ zeige man, daß sich mit n Wägungen nicht bestimmen läßt, welche von m Kugeln ein anderes Gewicht als die übrigen, normalen, hat und ob sie leichter oder schwerer ist. Man beachte, daß man in beiden Fällen einen dreiwertigen Code mit der maximalen Codewortlänge n finden kann.

2. Man beweise, daß die Mindestanzahl von Wägungen, die man braucht, um festzustellen, welche von $(3^k - 3)/2$ gegebenen Kugeln ein anderes Gewicht als die übrigen hat und ob sie mehr oder weniger wiegt, gleich k ist ($k \geqslant 2$). W a r n u n g : Die Aufgabe ist nicht ganz leicht.

3. Es sei H_0' definiert durch $E(|\kappa|)$, wobei κ ein nach Shannon und Fano konstruierter Code mit dem Codealphabet $K = \{0, 1\}$ ist. Eine nützliche Variante der Shannon-Fanoschen Methode besteht in folgendem: Man ordne zunächst die Wahrscheinlichkeiten $p_1 \geqslant p_2 \geqslant \ldots \geqslant p_n$ und zerlege sie im ersten Schritt in zwei Gruppen, die einem Index i entsprechen, für den $H(p_1 + \ldots + p_i, p_{i+1}, \ldots, p_n)$ maximal wird. Der zweite Schritt geschieht nach derselben Idee. Mit H_0'' bezeichne man die Zahl $E(|\kappa|)$, wobei κ ein nach dieser Variante konstruierter Code ist[1].

Für $p = 8^{-1}(3, 3, 1, 1)$ und $p = 10^{-2}(40, 19, 17, 12, 12)$ diskutiere man die gegenseitigen Beziehungen zwischen H_0, H_0' und H_0''.

10. Informationstheorie und Linguistik

Es gibt gewisse Möglichkeiten, die Informationstheorie in der Linguistik anzuwenden. Shannon selbst war der erste, der auf solche Anwendungen hingewiesen hat. Allen gemeinsam ist, daß sie zwar vom linguistischen Standpunkt aus nicht übermäßig vielsagend sind, aber doch ganz unterhaltsam.

Wir betrachten geschriebenes Englisch[2] auf dem Niveau einzelner Buchstaben. Wir stellen uns vor, daß

$$X_1 X_2 \ldots X_N$$

---

[1] Diese Variante führt zu den sogenannten a l p h a b e t i s c h e n Codes. Ein alphabetischer Code für $\mathscr{A} = (A_1, \ldots, A_n)$ ist ein Code, in dem die Codewörter $\kappa(A_1), \ldots, \kappa(A_n)$ lexikographisch angeordnet sind, d.h. für $i < j$ ist die erste Ziffer in $\kappa(A_i)$, die von der entsprechenden Ziffer in $\kappa(A_j)$ differiert, gleich 0.

[2] Wir wählen Englisch, weil über diese Sprache gründliche Untersuchungen in der Fachliteratur vorliegen.

ein zufällig ausgewählter englischer Text aus N Buchstaben sei. X_1 ist der erste Buchstabe des Textes, X_2 der zweite usw. Wir sehen, daß es vernünftig ist, auch Zwischenräume als Buchstaben aufzufassen. Sinnvollerweise nehmen wir an, $X_1, \ldots, X_N$ seien identisch verteilte zufällige Variable, deren Verteilung durch die Häufigkeit der verschiedenen Buchstaben in englischen Texten gegeben ist[1]. Diese Häufigkeiten sind in Tab. 20 angegeben.

Tab. 20[2]

Buchstabe	Wahrscheinlichkeit	Buchstabe	Wahrscheinlichkeit
Zwischenraum	0,1859	N	0,0574
A	0,0642	O	0,0632
B	0,0127	P	0,0152
C	0,0218	Q	0,0008
D	0,0317	R	0,0484
E	0,1031	S	0,0514
F	0,0208	T	0,0796
G	0,0152	U	0,0228
H	0,0467	V	0,0083
I	0,0575	W	0,0175
J	0,0008	X	0,0013
K	0,0049	Y	0,0164
L	0,0321	Z	0,0005
M	0,0198		

Die Entropie der Buchstabenfolge $X_1, \ldots, X_N$, oder die in einer solchen Folge enthaltene Informationsmenge, ist $H(X_1, \ldots, X_N)$ und kann gemäß (40) in N Glieder zerlegt werden:

$$(43) \qquad H(X_1, \ldots, X_N) = \sum_{\nu=1}^{N} H(X_\nu | X_1, \ldots, X_{\nu-1}).$$

Man beachte, daß der rein sprachliche Inhalt von Buchstabenfolgen (die sprachliche Information) in $H(X_1, \ldots, X_N)$ überhaupt nicht eingeht.

Die Größe $H(X_\nu | X_1, \ldots, X_{\nu-1})$ ist die in einem Buchstaben enthaltene Informationsmenge, wenn man schon die $\nu - 1$ vorangegangenen Buchstaben kennt. Wir werden erwarten, daß diese Größe mit ν abnimmt und sich für große Werte von ν einer positiven Konstanten annähert, die wir h nennen wollen. h kann als Informationsmenge pro Buchstabe im Englischen angesehen werden.

Die Größe $N^{-1} \cdot H(X_1, \ldots, X_N)$ ist die Informationsmenge pro Buchstabe in einer Folge aus N Buchstaben. Aus (40) und der Gleichung

$$(44) \qquad \lim_{\nu \to \infty} H(X_\nu | X_1, \ldots, X_{\nu-1}) = h$$

---

[1] Damit dies richtig ist, müssen wir auch zulassen, daß $X_1, \ldots, X_N$ den Wert „Zwischenraum" annehmen.

[2] Aus Reza, 1961.

ersehen wir, daß

$$(45) \qquad \lim_{N \to \infty} \frac{H(X_1, \ldots, X_N)}{N} = h \, .$$

Es ist Geschmacksache, ob man die Existenz des Grenzwertes in (44) oder (45) als einleuchtender ansieht. In jedem Fall erscheint unser Vorgehen bedenklich, weil die Berechnung der hier eingehenden Größen die Kenntnis einer Menge von Häufigkeiten voraussetzt, über die man realistischerweise nicht verfügen kann. Trotzdem lassen sich einigermaßen vernünftige Zahlenwerte für diese Größen angeben. Die einfachste Größe, $H(X_1)$, die in einem einzelnen Buchstaben enthaltene Informationsmenge, kann natürlich leicht aus Tab. 20 ausgerechnet werden. Man findet

$$H(X_1) = 4{,}03^{1)} .$$

Detailliertere Untersuchungen von Buchstabenhäufigkeiten (z.B. wie groß ist die Wahrscheinlichkeit, daß auf ein e ein th folgt) erlaubten es Shannon, die folgenden Entropien zu berechnen:

$$H(X_2 \,|\, X_1) = 3{,}3 \quad \text{und} \quad H(X_3 \,|\, X_1, X_2) = 3{,}1 \, .$$

Durch Überlegungen anderer Art, auf die wir hier nicht eingehen können, fand Shannon

$$H(X_8 \,|\, X_1, X_2, X_3, X_4, X_5, X_6, X_7) \approx 2{,}0.$$

Da sich die Entropie von Buchstaben praktisch nicht mehr ändert, wenn wir mehr als 7 vorangegangene Buchstaben in Betracht ziehen, so ist h ungefähr gleich 2.

Im Englischen führt also ein Buchstabe rund gerechnet eine Informationsmenge von 2 bit mit sich. Man kann dies vergleichen mit der größtmöglichen Informationsmenge pro Buchstabe, von der es denkbar wäre, daß das englische Alphabet, einschließlich des Zwischenraums, sie vermittelte, nämlich log 27 = 4,75 bit. Dieses Maximum würde man erreichen, wenn die Buchstaben im Englischen gleich häufig und unabhängig von den vorangegangenen Buchstaben wären, denn dann hätte man nach (39) und Satz 8.2:

$$\lim_{N \to \infty} \frac{H(X_1, \ldots, X_N)}{N} = \lim_{N \to \infty} \frac{H(X_1) + \ldots + H(X_N)}{N} = \log 27.$$

Vielleicht ist es sinnvoller, als Maximalwert zum Vergleich den Wert aus derjenigen Situation heranzuziehen, wo die Buchstaben unabhängig sind, aber mit der richtigen Häufigkeit auftreten. In diesem Fall wäre der Maximalwert $H(X_1) = 4$ bit pro Buchstabe.

Ein wichtiger Begriff, die sogenannte R e d u n d a n z , gibt uns ein Maß für den Grad des Überflüssigen in einer Nachricht aus einer Informationsquelle. Dieser Begriff wurde

---

[1]) Man denke daran, daß der Zwischenraum mit zum Alphabet gerechnet wird. Hätten wir das nicht getan, so hätten wir einen Wert von 4,3 gefunden (vgl. den entsprechenden Wert 4.1, den wir in Aufgabe 10 in Abschn. 5 für das Dänische angegeben haben.

von Shannon 1948 eingeführt, aber man sollte hier wohl erwähnen, daß sich der dänische Psychologe E. R u b i n schon 1922 mit derartigen Phänomen beschäftigt hat[1].

Die r e l a t i v e R e d u n d a n z wird definiert als 1 minus dem Verhältnis zwischen der tatsächlichen Informationsmenge, die die Quelle mit sich führt, und der maximalen Informationsmenge, die sie mit sich führen könnte, wenn sie optimal ausgenutzt würde, also

$$\text{Relative Redundanz} = 1 - \frac{\text{tatsächliche Entropie}}{\text{maximale Entropie}} \; .$$

Die relative Redundanz im Englischen ist also

$$1 - \lim_{N \to \infty} \frac{H(X_1, \ldots, X_N)}{\max H(X_1, \ldots, X_N)}$$

$$= 1 - \left(\lim_{N \to \infty} \frac{1}{N} H(X_1, \ldots, X_N) \Big/ \lim_{N \to \infty} \frac{1}{N} \max H(X_1, \ldots, X_N) \right) ,$$

was nach dem oben Gesagten ungefähr 50 % ergibt. Man pflegt das populär so auszudrücken, daß man sagt, im Englischen sei ungefähr jeder zweite Buchstabe überflüssig. Aus Untersuchungen anderer europäischer Sprachen hat sich ergeben, daß ihre relative Redundanz auch ungefähr 50 % beträgt. Zum Beispiel liegt es an der Redundanz, daß man in der Regel den Inhalt eines Telegramms erschließen kann, selbst wenn es viele Fehler enthält. Natürlich ist es vor allem die Struktur der Sprache, die Anlaß zu einer Redundanz gibt. Struktur führt also Redundanz mit sich. Dagegen ist es nicht richtig, daß Redundanz Struktur mit sich führt. Wir können also aus Untersuchungen der Redundanz direkt nichts über eine sprachliche Struktur ableiten.

Um zu illustrieren, was die informationstheoretische Untersuchung einer Sprache eigentlich einschließt, wollen wir einige von Shannon konstruierte Approximationen an das Englische angeben.

Eine erste Approximation an das Englische sieht so aus:

AI_NGAE_ITF_NNR_ASAEV_OIE_BAINTHA_HYR

OO_POER_SETRYGAIETRWCO__EHDUARU_EU_C_F

T_NSREM_DIY_EESE__F_O_SRIS_R__UNNASHOR

Die Buchstaben sind unabhängig voneinander, aber mit der richtigen Häufigkeit, gewählt worden.

---

[1] E. R u b i n arbeitete über die Fähigkeit des Menschen, Reden zu verstehen. Er führte den Begriff V e r s t e h e n s r e s e r v e ein, der Shannons Redundanzbegriff entspricht. Einer der Versuche, die die Verstehensreserve illustrieren sollten, ging davon aus, daß man Teile einer Rede wegschnitt und untersuchte, ob sie verständlich blieb. Das Wegschneiden geschah dadurch, daß der Strom zwischen Mikrophon und Lautsprecher in einer gewissen Frequenz unterbrochen wurde. Rubin fand, daß man über die Hälfte der Rede wegschneiden konnte, ohne daß sie unverständlich wurde.

Eine zweite Approximation an das Englische:

> URTESHETHING_AD_E_AT_FOULE_ITHALIORT_W
>
> ACT_D_STE_MINTSAN_OLINS_TWID_OULY_TE_T
>
> HIGHE_CO_YS_TH_HR_UPAVIDE_PAD_CTAVED

Die Buchstaben sind sowohl mit ihrer richtigen Häufigkeit, als auch mit der richtigen bedingten Häufigkeit im Hinblick auf den unmittelbar vorangegangenen Buchstaben gewählt worden. Eine einfache Methode, eine solche Approximation zu konstruieren, besteht darin, zunächst zufällig einen Buchstaben aus einem Buch auszuwählen. Nehmen wir etwa an, U sei ausgewählt worden. Wir überspringen nun ein paar Zeilen und lesen weiter, bis wir das erste Mal auf ein U stoßen; wir notieren den nächsten Buchstaben, sagen wir etwa R. Wir überspringen wieder ein paar Zeilen und lesen weiter, bis wir ein R finden; wir notieren den darauf folgenden Buchstaben. Auf diese Weise fahren wir fort.

Analog kann man eine dritte Approximation an das Englische bilden. Sie sieht etwa so aus:

> TANKS_CAN_OU_ANG_RLER_THATTED_OF_TO_S
>
> HOR_OF_TO_HAVEMEM_A_L_MAND_AND_BUT_
>
> WHISSITABLY_THERVEREER_EIGHTS_TAKILLIS_TA

In gleicher Weise lassen sich andere Sprache behandeln. Nach A b r a m s o n geben wir einige Approximationen an das Deutsche und Französische an:

Erste Approximation an das Deutsche:

> NNBNNDOETTNIIIAD_TSI_ISLEENS_LRI_LDRRBNF
>
> REMTDEEIKE_U_HBF_EVSN_BRGANWN_IENEEHM
>
> EN_RHN_LHD_SRG_EITAW_EESRNNCLGR

Zweite Approximation an das Deutsche:

> AFERORERGERAUSCHTER_DEHABAR_ADENDERG
>
> E_E_UBRNDANAGR_ETU_ZUBERKLIN_DIMASO
>
> N_DEU_UNGER_EIEIEMMLILCHER_WELT_WIERK

Dritte Approximation an das Deutsche:

> BET_EREINER_SOMMEIT_SINACH_GAN_TURHATT
>
> ER_AUM_WIE_BEST_ALLIENDER_TAUSSICHELLE
>
> _LAUFURCHT_ER_BLEINDESEIT_UBER_KONN_

Erste Approximation an das Französische:

> R_EPTTFVSIEOISETE_TTLGNSSSNLN_UNST_FSNST

F_E_IONIOILECMPADINMEC_TCEREPTTFLLUMGLR

ADBIUVDCMSFUAISRPMLGAVEAI_MILLUO

Zweite Approximation an das Französische:

ITEPONT_JENE_IESEMANT_PAVEZ_L_BO_S_PAS

E_LQU_SUIN_DOTI_CIS_NC_MOUROUNENT_FUI

T_JE_DABREZ_DAUIETOUNT_LAGAUVRSOUT_MY

Dritte Approximation an das Französische:

JOU_MOUPLAS_DE_MONNERNAISSAINS_DEME_U

S_VREH_BRE_TU_DE_TOUCHEUR_DIMMERE_LL

ES_MAR_ELAME_RE_A_VER_IL_DOUVENTS_SO

Aufgabe 1. Der Leser konstruiere Approximationen an eine andere, ihm bekannte, mit Buchstaben geschriebene Sprache (im Fall des Chinesischen etwa verwende man eine phonetische Transliteration). Eventuell kann man sowohl elementare Texte, zum Beispiel für Kinder, als auch fortgeschrittene, zum Beispiel literarische Texte, approximieren. Es wird vermutlich schwer sein, aus der Approximation zu erkennen, ob sie zum einen oder zum anderen Typ gehört.

III. Kommunikationstheorie

11. Ein Modell eines Kommunikationssystems

Ein Kommunikationssystem kann schematisch wie in Fig. 17 aufgebaut werden. Die Q u e l l e , ausführlich I n f o r m a t i o n s q u e l l e genannt, erzeugt Nachrichten der einen oder anderen Art mit bekannten stochastischen Eigenschaften. Die von der Quelle erzeugten Nachrichten werden durch den Kanal zum Empfänger übertragen. Der Kanal kann nur Symbole einer gewissen endlichen Menge A, des sogenannten E i n - g a n g s a l p h a b e t s , übertragen. Wir müssen daher ein C o d i e r u n g s g l i e d einschalten, das die Nachrichten in eine Folge von Eingangsbuchstaben codiert. Der S e n d e r schickt dann die codierten Nachrichten, also eine Folge von Eingangsbuch- staben, durch den K a n a l . Man kann sich den Sender als eine neue Quelle, eine Buch- stabenquelle, vorstellen. Im Kanal wird die codierte Nachricht einem G e r ä u s c h ausgesetzt, das bewirkt, daß einzelne Buchstaben nicht mehr mit Sicherheit richtig emp- fangen werden. Es ist günstig zuzulassen, daß die Menge der möglichen Ausgangsbuch- staben, das A u s g a n g s a l p h a b e t , von dem Eingangsalphabet verschieden ist. Wir bezeichnen das Ausgangsalphabet durch B. Der Kanal sorgt also dafür, daß eine Folge von Eingangsbuchstaben in eine Folge von Ausgangsbuchstaben überführt wird.

Diese Überführung geschieht unter bestimmten stochastischen Gesetzen, die für den gegebenen Kanal charakteristisch sind. Der Empfänger nimmt die Nachricht auf, nachdem sie den Kanal passiert hat und dem Geräusch ausgesetzt war. Es ist seine Aufgabe, herauszufinden, was eigentlich von der Quelle erzeugt worden war. Hierzu muß er sich eines D e c o d i e r e r s oder E n t c o d i e r e r s bedienen.

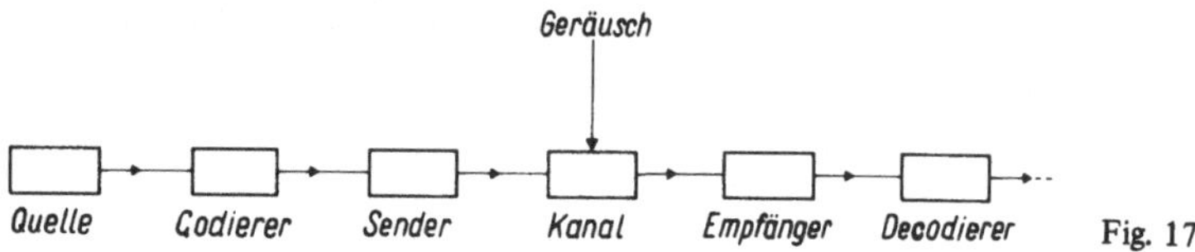

Fig. 17

Dieses Schema gibt Anlaß zu einer großen Menge von Problemen, von denen wir hier, um die Darstellung auf einem elementaren Niveau zu halten, nur ganz wenige behandeln können.

In den nächsten drei Abschnitten werden wir das gemäß Fig. 18 reduzierte System studieren. Wir stellen uns die Aufgabe, diejenigen stochastischen Charakteristika eines Senders zu finden, die bewirken, daß durch den Kanal eine maximale Informationsmenge übertragen wird.

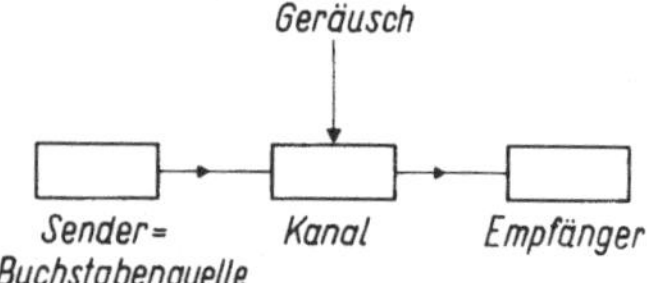

Fig. 18

12. Sender-Kanal-Empfänger System, wahrscheinlichkeitstheoretische Beschreibung

Die Symbole, die der Sender aussenden kann, sind Buchstaben des Eingangsalphabets A. Diese Buchstaben bezeichnen wir mit x_i; $i = 1, \ldots, n$.

Unter einer Q u e l l e (A, p) für das Alphabet A verstehen wir eine Verteilung p über A. Es ist also $p = (p_1, \ldots, p_n)$ ein Wahrscheinlichkeitsvektor, und wir sehen p_i an als die Wahrscheinlichkeit dafür, daß der i-te Buchstabe x_i gesendet wird.

Unter einem K a n a l wollen wir vorläufig ein Tripel (A, P, B) verstehen. Hier ist $A = \{x_i \mid i = 1, \ldots, n\}$ das Eingangsalphabet und $B = \{y_j \mid j = 1, \ldots, m\}$ das Ausgangsalphabet und P eine n x m-Matrix:

$$P = \{p_{ij}\}_{\substack{i=1,\ldots,\,n \\ j=1,\ldots,\,m}} = \begin{pmatrix} p_{11}p_{12} \cdots p_{1m} \\ p_{21}p_{22} \cdots p_{2m} \\ \cdots\cdots\cdots\cdots \\ p_{n1}p_{n2} \cdots p_{nm} \end{pmatrix}.$$

P heißt die Ü b e r f ü h r u n g s m a t r i x oder Ü b e r t r a g u n g s m a t r i x
des Kanals. Wir verlangen, daß jede Zeile von **P**, d.h. jeder Vektor

$$q_i = (p_{i1}, p_{i2}, \ldots, p_{im}); \quad i = 1, \ldots, n,$$

ein Wahrscheinlichkeitsvektor ist.

Eine Matrix, in der alle Zeilenvektoren Wahrscheinlichkeitsvektoren sind, wird eine
s t o c h a s t i s c h e M a t r i x genannt. Nach der bisherigen Definition ist also ein
Kanal mit n möglichen Eingangs- und m möglichen Ausgangsbuchstaben durch die
Angabe einer stochastischen n × m-Matrix vollständig gegeben. Ein auf diese Weise
definierter Kanal heißt e i n f a c h oder d i s k r e t .

Wir sehen q_i als die bedingte Verteilung der Ausgangsbuchstaben an unter der Annahme,
daß der i-te Eingangsbuchstabe x_i gesendet wurde. Das i, j-te Element von **P** wird so
interpretiert: p_{ij} ist die Wahrscheinlichkeit, y_j zu empfangen, wenn x_i gesendet wurde.
Statt p_{ij} schreibt man daher manchmal auch $P(y_j \mid x_i)$.

Beispiel 1. Fig. 19 stellt einen Kanal dar, bei dem A und B aus zwei Buchstaben bestehen, nämlich $A = B = \{0,1\}$. Ein solcher Kanal wird b i n ä r genannt. Die Übertragungsmatrix ist

$$P = \begin{Bmatrix} 0{,}9 & 0{,}1 \\ 0{,}1 & 0{,}9 \end{Bmatrix}.$$

Der Kanal heißt s y m m e t r i s c h , weil $p_{11} = p_{22}$, $p_{12} = p_{21}$. Wir haben es also
mit einem binären symmetrischen Kanal zu tun. Die Wahrscheinlichkeit, daß ein Buchstabe falsch empfangen wird, ist 0,1.

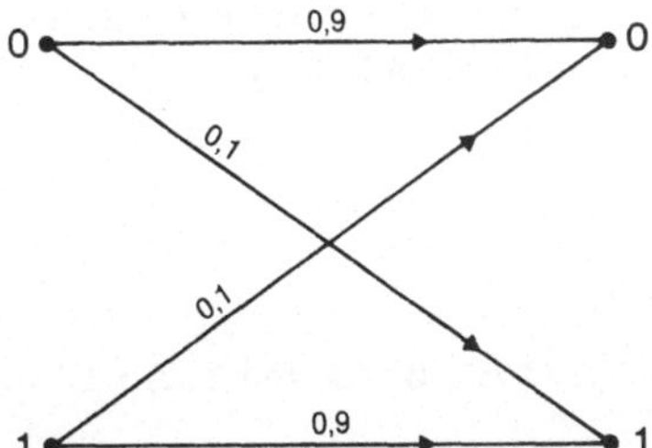

Im großen und ganzen werden wir uns nur mit einfachen Kanälen beschäftigen. Wir
geben jedoch eine allgemeine Definition an. Ein einfacher Kanal ist ein Modell für das,
was mit einem einzelnen Buchstaben geschieht. Um einen Kanal vollständig zu spezi-
fizieren, müssen wir auch wissen, wie eine Folge von Buchstaben behandelt wird.

Unter einem K a n a l i m a l l g e m e i n e n S i n n e versteht man eine Folge

$$(A, P, B), (A^2, P_2, B^2), \ldots, (A^N, P_N, B^N), \ldots$$

von einfachen Kanälen. Hierin bedeutet A^N die Menge der n^N möglichen Folgen (Wörter) aus N Eingangsbuchstaben:

$$A^N = \{x_{i_1} \ldots x_{i_N} \mid i_\nu = 1, \ldots, n \text{ für } \nu = 1, \ldots, N\}.$$

Analog ist

$$B^N = \{y_{j_1} \cdots y_{j_N} \mid j_\nu = 1, \ldots, m \text{ für } \nu = 1, \ldots, N\}.$$

Die Wahrscheinlichkeit

$$P_N(y_{j_1} \cdots y_{j_N} \mid x_{i_1} \cdots x_{i_N})$$

wird interpretiert als Wahrscheinlichkeit, $y_{j_1} \cdots y_{j_N}$ zu empfangen, wenn das Wort $x_{i_1} \cdots x_{i_N}$ gesendet wurde.

Dies setzt voraus, daß zwischen den P_N gewisse natürliche Beziehungen bestehen. Die einfachste davon sieht so aus:

$$\sum_{y_{j_2} \in B} P_2(y_{j_1} \ y_{j_2} \mid x_{i_1} \ x_{i_2}) = P(y_{j_1} \mid x_{i_1}).$$

Der einfachste Typ des Kanals ist der des K a n a l s   o h n e   G e d ä c h t n i s, d.h. der eines Kanals, der jeden einzelnen Buchstaben eines Worts unabhängig von den anderen Buchstaben behandelt. Formal können wir einen Kanal ohne Gedächtnis definieren als einen Kanal, bei dem P_N für $N \geq 2$ mit Hilfe von P durch die Formel

$$P_N(y_{j_1} \cdots y_{j_N} \mid x_{i_1} \cdots x_{i_N}) = P(y_{j_1} \mid x_{i_1}) P(y_{j_2} \mid x_{i_2}) \cdot \ldots \cdot P(y_{j_N} \mid x_{i_N})$$

bestimmt wird. Ein Kanal ohne Gedächtnis ist also durch die eine stochastische Matrix P vollständig gegeben.

Wir zeigen nun, wie eine Quelle und ein Kanal zu einem Sender-Kanal-Empfänger System zusammengekoppelt werden können. Wir begnügen uns damit, dies in dem Fall, wo wir nur einen Buchstaben durch den Kanal übertragen, zu schildern.

Es sei (A, p) eine Quelle und (A, P, B) ein (einfacher) Kanal. Wir definieren ein Wahrscheinlichkeitsfeld, indem wir als Ergebnisraum die Produktmenge

$$A \times B = \{(x_i, y_j) \mid i = 1, \ldots, n; \quad j = 1, \ldots, m\}$$

und als Wahrscheinlichkeitsfunktion die durch

$$P(x_i, y_j) = p_i p_{ij}; \quad (x_i, y_j) \in A \times B$$

erklärte Funktion P nehmen. Die Projektionen $X: A \times B \frown A$ und $Y: A \times B \frown B$, d.h. die Abbildungen

$$X(x_i, y_j) = x_i, Y(x_i, y_j) = y_j; \quad (x_i, y_j) \in A \times B$$

sind dann zufällige Variable. Die Verteilung von X ist p, und die bedingte Verteilung von Y gegeben $X = x_i$ ist gerade q_i, d.h. der i-te Zeilenvektor von P. Daher kann X als der gesendete und Y als der empfangene Buchstabe interpretiert werden. Man beachte die Übereinstimmung der Bezeichnungen mit den früheren (s. Abschn. 7).

Wenn wir auf diese Weise eine Quelle und einen Kanal zusammenkoppeln, so sagen wir, daß die Quelle den Kanal s p e i s t. p heißt manchmal die Verteilung auf der Senderseite und q die Verteilung auf der Empfängerseite. Die Verbindung zwischen diesen Verteilungen wird durch $q = \sum p_i q_i$ gegeben (s. Gl. (24)). Wir sagen, q sei durch p i n d u - z i e r t.

Eine Verteilung $q \in S_{m-1}$ heißt e r r e i c h b a r (durch den gegebenen Kanal), wenn sie durch eine Verteilung $p \in S_{n-1}$ induziert werden kann. Die Menge der erreichbaren Verteilungen ist die konvexe Hülle der Zeilenvektoren von **P**.

13. Sender-Kanal-Empfänger System, informationstheoretische Beschreibung

Es sei (A, **P**, B) ein einfacher Kanal[1], der von der Quelle (A, **p**) gespeist wird. Unter der Ü b e r t r a g u n g s r a t e (Transmissionsgrad) verstehen wir $I(X \| Y)$, d.h. die Menge an Information über den gesendeten Buchstaben, die wir durchschnittlich gewinnen, wenn wir den empfangenen Buchstaben beobachten. $H(X \mid Y)$, die erwartete Unbestimmtheit des gesendeten Buchstabens nach Beobachtung des Empfangenen, heißt die d u r c h s c h n i t t l i c h e V i e l d e u t i g k e i t oder die Ä q u i v o - k a t i o n .

Die Übertragungsrate hängt sowohl vom Kanal als auch von der Quelle ab. Da wir Wert darauf legen, den Kanal so gut wie möglich auszunutzen, d.h. ihn so zu speisen, daß die Übertragungsrate größtmöglich wird, so sind wir daran interessiert, die Übertragungsrate als Funktion der Quelle **p** zu untersuchen. Wir schreiben daher $I(p)$ anstelle von $I(X \| Y)$. Die Abhängigkeit vom Kanal brauchen wir in der Bezeichnung nicht zum Ausdruck zu bringen, weil wir im folgenden einen festen Kanal (A, **P**, B) im Auge haben.

Die Übertragungsrate ist auf diese Weise eine Funktion $I: S_{n-1} \to [0, \infty]$.

Lemma 1. Die Übertragungsrate ist in ihrem Definitionsbereich S_{n-1} stetig.

B e w e i s : Dies folgt zum Beispiel aus der Formel

$$I(p) = I(X \| Y) = I(Y \| X) = H(Y) - H(Y \mid X)$$
$$= H(q) - \sum_i p_i H(q_i) .$$

Da $q = \sum p_i q_i$ als Funktion von **p** stetig ist und da die Entropiefunktion stetig ist, so wird auch $H(q)$ als Funktion von **p** stetig. Dasselbe gilt offenbar für das zweite Glied des obigen Ausdrucks für $I(p)$. ∎

Einer der wichtigsten Sätze über stetige Funktionen besagt, daß eine in einem abgeschlossenen Intervall definierte stetige Funktion ein Maximum hat. Ebenso gilt, daß eine auf einer „kompakten" Menge wie S_{n-1} definierte stetige Funktion ein Maximum annimmt. Wir können nun einen ganz zentralen Begriff definieren:

Unter der K a p a z i t ä t C eines einfachen Kanals versteht man die maximale Übertragungsrate, also

$$C = \max_{p \in S_{n-1}} I(p) .$$

---

[1] Um einige triviale Bemerkungen zu vermeiden, werden wir voraussetzen, daß es zu jedem $j = 1, \ldots, m$ ein i gibt derart, daß $p_{ij} > 0$. Diese Voraussetzung spiegelt sich darin wieder, daß keine der Spalten der Matrix **P** identisch gleich Null ist.

Eine Quelle $p \in S_{n-1}$ heißt o p t i m a l (für den gegebenen Kanal), oder gegebenenfalls o p t i m a l a u f d e r S e n d e r s e i t e, wenn $I(p) = C$. Weiter wird $q \in S_{m-1}$ o p t i m a l genannt, gegebenenfalls o p t i m a l a u f d e r E m p f ä n g e r s e i t e, wenn es auf der Senderseite ein optimales p gibt, das die Verteilung q auf der Empfängerseite induziert.

Wird der Kanal von der Quelle (A, p) gespeist, so wollen wir wissen, wie gut er ausgenutzt wird. Wir drücken dies durch die E f f e k t i v i t ä t aus:

$$\text{Effektivität} = \frac{I(p)}{C} = \frac{I(X \| Y)}{C} \; .$$

Als ein Maß dafür, wieviel überflüssige Information durch den Kanal geschickt wird, wenn ihn die Quelle (A, p) speist, dient uns die a b s o l u t e R e d u n d a n z :

$$\text{abs. Redundanz} = C - I(p) = C - I(X \| Y).$$

Die r e l a t i v e R e d u n d a n z ist definiert durch

$$\text{rel. Redundanz} = 1 - \frac{I(p)}{C} = 1 - \frac{I(X \| Y)}{C} \; .$$

Man beachte, daß die hier eingeführten Größen, mit Ausnahme der Kapazität, sowohl vom Kanal als auch von der Quelle abhängen. Die Kapazität hängt nur vom Kanal ab.

Beispiel 1. Wir wollen untersuchen, welche Kanäle die Kapazität 0 haben. $C = 0$ ist gleichbedeutend damit, daß $I(p) = 0$ für alle $p \in S_{n-1}$. Nun gilt nach (33) und (36)

$$I(p) = 0 \Leftrightarrow \sum_i p_i I(q := q_i) = 0$$

$$\Leftrightarrow q_i = q \text{ für alle } i \text{ mit } p_i > 0.$$

Daher ist eine notwendige und hinreichende Bedingung für $C = 0$, daß alle Zeilenvektoren von P gleich sind: $q_1 = \ldots = q_n$. Man mache sich klar, daß dieses Resultat nicht überraschend ist.

Kanäle mit der Kapazität 0 sind informationstheoretisch uninteressant, denn gleichgültig wie sie gespeist werden, ist es unmöglich, durch sie Information zu übertragen. Sämtliche Verteilungen $p \in S_{n-1}$ sind optimal auf der Senderseite, und $q = q_1$ $(= q_2 = \ldots = q_n)$ ist die einzige optimale Verteilung auf der Empfängerseite, übrigens die einzige erreichbare Verteilung überhaupt.

Beispiel 2. Wir wissen, daß $0 \leqslant I(X \| Y) \leqslant H(X)$ ist. Im Beispiel 1 haben wir diskutiert, wann in der linken Ungleichung auf alle Quellen das Gleichheitszeichen zutrifft. Wir wollen nun die andere extreme Situation untersuchen. Ein Kanal heißt v e r l u s t l o s, wenn $I(X \| Y) = H(X)$ für alle Quellen gilt. Wir können die Bedingung für einen verlustlosen Kanal auch dadurch ausdrücken, daß wir sagen, für jede Quelle gelte $H(X \| Y) = 0$. Intuitiv werden wir erwarten, daß eine notwendige und hinreichende Bedingung dafür, daß ein Kanal verlustlos ist, in folgendem besteht: Zu jedem j gibt es n u r e i n i derart, daß der Eingangsbuchstabe x_i zum Ausgangsbuchstaben y_j führen kann, d.h.

$p_{ij} > 0$. Anders formuliert bedeutet diese Bedingung, daß die durch $B_i = \{j \mid p_{ij} > 0\}$ definierten Mengen B_i; $i = 1, \ldots, n$ eine Klasseneinteilung des Ausgangsalphabets bilden. Wir müssen nun zeigen, daß unsere Intuition uns richtig geleitet hat. Aus (38) folgt

$$I(X \parallel Y) = H(X) \Leftrightarrow Y \frown X \Leftrightarrow \underset{q_j > 0 \; i(j)}{\forall \; \exists} \; q_{j,i(j)} = 1$$

$$\Leftrightarrow \underset{q_j > 0 \; i(j) \; i \neq i(j)}{\forall \; \exists \; \forall} \; p_i p_{ij} = 0 \Leftrightarrow \underset{j \; i(j) \; i \neq (j)}{\forall \; \exists \; \forall} \; p_i p_{ij} = 0 \, .$$

Man zeige, daß hieraus das Gewünschte folgt.

Fig. 20 illustriert einen verlustlosen Kanal.

Bei einem verlustlosen Kanal ist

$$C = \max_p \; I(p) = \max_p \; H(p) = \log n \, ,$$

und wir nutzen den Kanal optimal aus, wenn wir die Gleichverteilung $p = \left(\dfrac{1}{n}, \ldots, \dfrac{1}{n} \right)$

verwenden, d.h. dieser Wahrscheinlichkeitsvektor ist eine optimale Quelle. Es gibt keine anderen optimalen Quellen. Die optimale Verteilung auf der Empfängerseite ist ebenfalls eindeutig bestimmt. Nachprüfen!

Beispiel 3. Einen anderen Typ von Kanal bilden die d e t e r m i n i s t i s c h e n K a n ä l e . Sie sind dadurch charakterisiert, daß jeder Eingangsbuchstabe, der durch den Kanal geschickt wird, als ganz bestimmter Ausgangsbuchstabe empfangen wird. Formal definieren wir einen Kanal als deterministisch, wenn es zu jedem i ein j gibt, so daß $p_{ij} = 1$. Fig. 21 illustriert einen deterministischen Kanal. Bei einem deterministischen Kanal gilt $H(Y \mid X) = 0$ gleichgültig, wie er gespeist wird. Aus der Formel $I(X \parallel Y) = H(Y) - H(Y \mid X)$ erhalten wir daher, daß $I(X \parallel Y) = H(Y)$. Was die Kapazität anbetrifft, so haben wir

$$C = \max_p I(p) = \max_p H(\Sigma \, p_i q_i) \leqslant \log m \, .$$

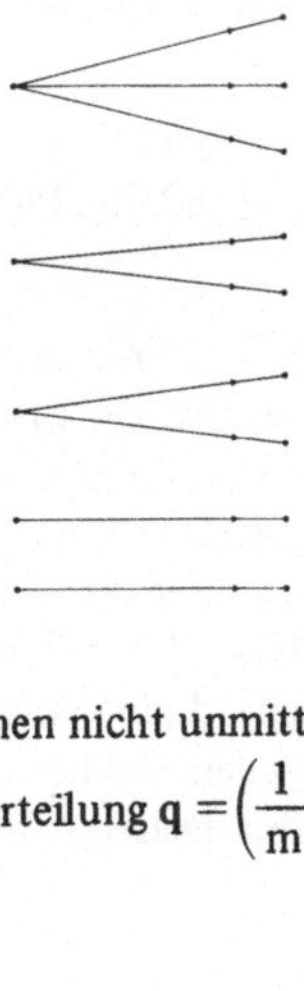

Fig. 20

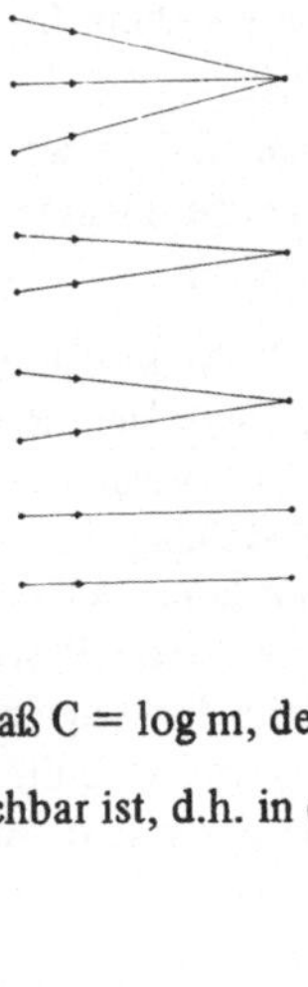

Fig. 21

Wir können nicht unmittelbar schließen, daß $C = \log m$, denn das erfordert, daß die Gleichverteilung $q = \left(\dfrac{1}{m}, \ldots, \dfrac{1}{m} \right)$ erreichbar ist, d.h. in der von den q_i aufgespannten konvexen Hülle liegt. Nun hatten wir aber vorausgesetzt, daß es zu jedem j ein i mit $p_{ij} > 0$ gibt (s. Fußnote 1 (S. 71). Daher existiert zu jedem j ein i mit $p_{ij} = 1$. Diese Überlegung zeigt, daß jeder der m Einheitsvektoren von S_{m-1}, d.h. jede der Ecken von S_{m-1}, unter den q_i vorkommt. Daher ist jede Verteilung, und insbesondere die Gleichverteilung, erreichbar. Auf diese Weise sehen wir, daß die Kapazität eines deterministischen Kanals gleich $C = \log m$ ist. Man findet auch, daß die einzige optimale Verteilung auf der Empfängerseite die Gleichverteilung ist, während auf der Senderseite sehr wohl mehrere optimale Verteilungen vorhanden sein können. Nachprüfen!

Beispiel 4. Ein g e r ä u s c h l o s e r   K a n a l ist ein Kanal, der sowohl verlustlos als auch deterministisch ist. Bei ihm besteht ein eineindeutiger Zusammenhang zwischen Eingangs- und Ausgangsalphabet. Die Kapazität ist gleich $C = \log n$ $(= \log m)$.

Bei allen bisher diskutierten Kanälen ist die optimale Verteilung auf der Empfängerseite eindeutig bestimmt. Im nächsten Abschnitt werden wir beweisen, daß dies auf alle Kanäle zutrifft.

Bisher haben wir nicht viel darüber gesagt, wo man auf Kanäle stößt. Man muß zugeben, daß sich die Theorie, die wir skizziert haben, am besten auf von Menschenhand geschaffene Kommunikationssysteme anwenden läßt, wie zum Beispiel Telegraphie, Radarsysteme oder moderne Kommunikationssysteme, die man in Datenübertragungssystemen zwischen einem Satelliten und der Erde findet. Man kann jedoch auch auf mehr „naturgegebene" Kanäle hinweisen.

Überall, wo eine gewisse E n t w i c k l u n g vor sich geht, hat man es, rein qualitativ gesehen, mit einem Kanal zu tun. Es kann sich dabei um die Entwicklung eines physikalischen Systems handeln (Aufgabe 2) oder eines ökologischen Systems oder einer Population. Geht es um lebende Organismen, so läßt sich die Entwicklung auf dem elementaren Niveau mit Hilfe der Gene und ihres Einflusses auf die Erbanlagen darstellen. Im übrigen kann sogar der Mechanismus, der die in den Genen gespeicherte Information auf den Organismus überträgt, durch einen Kanal beschrieben werden, nämlich den sogenannten g e n e t i s c h e n   C o d e (s. Beispiel 5). Auf höherem Niveau kann man sich z.B. für die Entwicklung der Laute der Sprache innerhalb einer Bevölkerung interessieren.

Ebenso findet man Kanäle überall dort, wo Eingangsdaten b e a r b e i t e t werden. Dies geschieht zum Beispiel bei der menschlichen Perzeption und anderen Phänomenen psychologischer Art (s. Beispiel 6).

Beispiel 5. Proteine sind aus 20 Aminosäuren aufgebaut: Lysin (Lys), Histidin (His) usw. Der Produktionsmechanismus sieht in sehr groben Zügen so aus: Die Information darüber, welche Proteine erzeugt werden sollen, liegt in den Genen und ist an DNS-Moleküle geknüpft. Ein DNS-Molekül enthält unter anderem eine lange Sequenz, die aus den 4 organischen Basen Adenin (A), Guanin (G), Cytosin (C) und Thymin (T) besteht. Ein Teil einer Sequenz kann z.B. so aussehen: AACTTGACA (die Länge der zu einem einzelnen Gen gehörenden Sequenz ist von der Größenordnung tausend). Mit Hilfe eines speziellen Mechanismus wird die AGCT-Sequenz aus dem Zellkern in das Cytoplasma überführt, wo sie an ein RNS-Molekül gebunden wird. Dabei wird Thymin durch Uracil (U) ersetzt, und wir bekommen auf diese Weise eine AGCU-Sequenz. Bei der Produktion „liest" die Zeile gleichzeitig drei Symbole. Zu jedem Triplett gehört eine bestimmte Aminosäure. Haben wir zum Beispiel die Sequenz AAGCAU..., so wird zuerst AAG gelesen und die zugehörige Aminosäure (Lysin) gebildet. Als nächstes wird CAU gelesen und die entsprechende Aminosäure (Histidin) erzeugt. Auf diese Weise baut sich schließlich das beabsichtigte Protein vollständig auf.

Der in Fig. 22 wiedergegebene g e n e t i s c h e   C o d e zeigt, welche Aminosäuren zu den $4^3 = 64$ verschiedenen Tripletts gehören. Dieser Code wurde im Jahre 1966 völlig bestimmt und stellt den spannendsten Fortschritt der modernen Molekularbiologie dar. Man beachte, daß der genetische Code k e i n Code im Sinne unserer Definition (s. Abschn. 3) ist, denn die Abbildung Triplett $\curvearrowright$ Aminosäure ist nicht injektiv.

Hingegen kann man den genetischen Code als einen deterministischen Kanal mit den 64 Tripletts als Eingangsalphabet und den 20 Aminosäuren nebst Start- und Stopsymbol als Ausgangsalphabet ansehen.

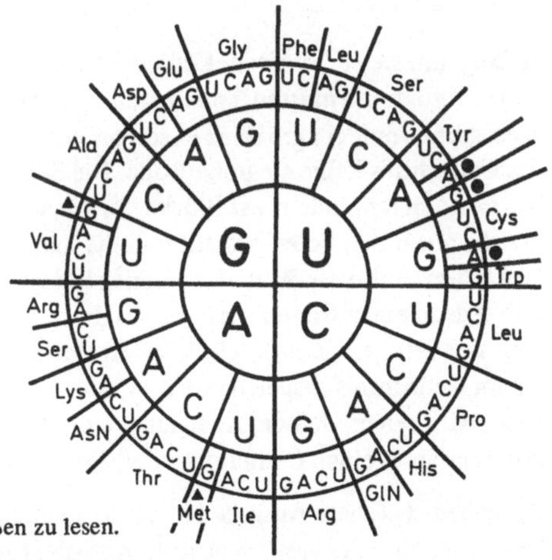

Fig. 22. Der genetische Code (Codesonne).
   Die Tripletts sind von innen nach außen zu lesen.
   ▲ Startsignal   ● Stopsignal

Beispiel 6. In einem Versuch, die Eignung des Menschen zur Schätzung einer 1-dimensionalen Größe X zu messen, bilden wir für jedes n einen gewissen Kanal. Als Eingangsalphabet benutzen wir n mögliche Werte von X. Der Kanal besteht darin, daß wir eine Versuchsperson schätzen lassen, welcher dieser n möglichen Werte vorliegt. Als Beispiel für Größen, mit denen man experimentiert hat, lassen sich Tonhöhe, Lautstärke und Säuregrad einer Lösung nennen. Aus den Experimenten ergibt sich, daß für Werte von n unterhalb oder gleich einer gewissen Schwelle n_0 kein Fehler auftritt, d.h. der Kanal geräuschfrei ist, wohingegen für $n > n_0$ Fehlschlüsse vorkommen, d.h. Geräusch im Kanal vorliegt. Das Interessante an diesen Versuchen ist, daß n_0 nicht übermäßig von der Versuchssituation abhängt. Man hat gefunden, daß n_0 ungefähr gleich 7 ± 2 ist. Dies drückt man so aus, daß man sagt, die a b s o l u t e S c h ä t z f ä h i g k e i t des Menschen sei ungefähr log 7 = 2,8 bit[1].

Ähnliche Versuche kann man mit dem Gedächtnis machen. Man findet wieder ein n_0 von ungefähr 7. Man sagt daher, daß die menschliche k u r z e G e d ä c h t n i s - s p a n n e (engl.: shortspan memory) ungefähr gleich 2,8 bit sei. Man kann sich also an eine Sequenz von etwa 7 Symbolen erinnern, ohne mnemotechnische Hilfsmittel anzuwenden. Durch Gebrauch dieser Hilfsmittel läßt sich die Fähigkeit, etwas im Gedächtnis zu behalten, bedeutend vergrößern. Wir illustrieren dies mit Tab. 21. Die Folge s_1 ist

Tab. 21

s_1	1 0 1 0 0 0 1 0 0 1 1 1 0 0 1 1 1 0
s_2	10 10 00 10 01 11 00 11 10 3 3 1 3 2 4 1 4 3
s_3	101 000 100 111 001 110 6 1 5 8 2 7

zu lang, um sie zu behalten. Codieren wir sie in eine Sequenz s_2, indem wir Blöcke der Länge 2 zusammenfassen, so erhalten wir eine aus 9 Symbolen bestehende Sequenz; zwar gibt es nun ein größeres Reservoir von möglichen Symbolen, aber das spielt für das Gedächtnis keine so große Rolle. Die Sequenz s_2 ist immer noch zu lang, aber wenn wir sie codieren, indem wir Blöcke der Länge 3 bilden, so erhalten wir eine Sequenz s_3, die aus nur 6 Symbolen besteht und die man leicht behalten kann. Dafür, daß man sein Gedächtnis auf diese Weise funktionieren lassen kann, bezahlt man den Preis, daß man sich teils in einen Codierungsprozeß (Umsetzen der Eingangsdaten in eine Form, an die man sich erinnern kann), teils in einen Decodierungsprozeß (Umsetzen der Nachricht, die im Gedächtnis gespeichert ist, in ihre ursprüngliche Form) einarbeiten muß. Der Leser wird sehen, daß die Aneignung einer Sprache nichts anderes ist als ein solches Einarbeiten in einen Codierungs- und Decodierungsprozeß[2].

Aufgaben. 1. (Diese Aufgabe hat direkt nichts mit Informationstheorie zu tun, sondern ist hier im Hinblick auf die nächste Aufgabe gestellt.) Es seien $x_1, \ldots, x_n$ positive Zahlen und $(s_1, \ldots, s_n)$ ein Wahrscheinlichkeitsvektor. Dann gilt die Ungleichung

$$(46) \qquad x_1^{s_1} \cdot x_2^{s_2} \cdot \ldots \cdot x_n^{s_n} \leqslant s_1 x_1 + s_2 x_2 + \ldots + s_n x_n$$

oder, gleichwertig damit,

$$(47) \qquad \sum_i s_i \log x_i \leqslant \log \left(\sum_i s_i x_i \right).$$

Man beweise dies.

---

[1] Der Versuch kann als Argument dafür angeführt werden, daß man auf keinen Fall eine Bewertungs-(Noten-)skala mit mehr als 7 Stufen benutzen sollte.

[2] Der daran interessierte Leser sei hingewiesen auf M i l l e r , G. A.: The magical number seven, plus or minus two: some limits on our capacity for processing information. The psychological review 63, 81–97 (1956).

A n l e i t u n g : (47) ist äquivalent mit

$$\sum_i s_i \ln \frac{x_i}{a} \leqslant 0,$$

wobei $a = \sum s_i x_i$, und diese Ungleichung kann man leicht aus der elementaren Ungleichung (10) ableiten. Alternativ läßt sich (47) durch eine geometrische Betrachtung als trivial erkennen.

B e m e r k u n g . Als Spezialfall ergibt sich

$$\sqrt[n]{x_1 x_2 \ldots x_n} \leqslant \frac{x_1 + x_2 + \ldots + x_n}{n},$$

d.h. das g e o m e t r i s c h e   M i t t e l ist kleiner oder gleich dem a r i t h m e t i - s c h e n   M i t t e l .

2. Die Menge der möglichen elementaren (quantenmechanischen) Zustände eines physikalischen Systems werde durch A bezeichnet. Die Entwicklung des Systems von einem Zeitpunkt t_1 bis zu einem späteren Zeitpunkt t_2 kann dann durch einen Kanal (A, **P**, A) beschrieben werden, p_{ij} werde als Wahrscheinlichkeit dafür interpretiert, daß das System zur Zeit t_2 im Zustand j ist, wenn es zur Zeit t_1 im Zustand i war.

Gewisse physikalische Betrachtungen (Reversibilität auf dem mikroskopischen, quantenmechanischen Niveau) führen dazu, daß die Übertragungsmatrix **P** d o p p e l t s t o c h a s t i s c h sein muß, d.h. nicht nur die Zeilen-, sondern auch die Spaltenvektoren sind Wahrscheinlichkeitsvektoren, also $\sum_i p_{ij} = 1$ für alle j. Man beweise, daß

$H(X) \leqslant H(Y)$, gleichgültig, welche Quelle (A, **p**) den Kanal speist, d.h. die Entropie des Systems zum Zeitpunkt t_1 ist kleiner oder gleich der zum Zeitpunkt t_2.

Dieses Ergebnis ist ein Spezialfall eines berühmten Satzes, des B o l t z m a n n s c h e n H - T h e o r e m s . Grob gesagt besteht es in der Aussage, daß die Entropie wächst.

A n l e i t u n g : Man setze $s_i = \sum_j p_{ij} q_j$ und beachte, daß $(s_1, \ldots, s_n)$ ein Wahrscheinlichkeitsvektor ist. Das Lemma 1 aus Abschn. 4 gibt daher

$$H(X) \leqslant - \sum_i p_i \log (\sum_j p_{ij} q_j).$$

Man wende nun das Resultat der Aufgabe 1 an.

3. Man zieht eine Spielkarte, erinnert sich aber nur an die Farbe (♦, ♥, ♣, ♠). Was für eine Art von Kanal kann man als Modell hierfür verwenden? Man bestimme seine Kapazität und die optimalen Verteilungen.

4. Ein Kanal (A, **P**, B) heißt s y m m e t r i s c h , wenn jeder Zeilenvektor von **P** eine Permutation des ersten Zeilenvektors und jeder Spaltenvektor von **P** eine Permutation des ersten Spaltenvektors ist. Man beweise, daß die Kapazität eines symmetrischen Kanals gleich

$$C = \log m - H(q_1)$$

ist.

5. Es seien $(A, \mathbf{P}^{(1)}, B)$ und $(B, \mathbf{P}^{(2)}, D)$ Kanäle. Unter der Zusammensetzung dieser Kanäle in S e r i e (oder in K a s k a d e) versteht man den Kanal $(A, \mathbf{P}, D)$ mit

$$P(z \,|\, x) = \sum_{y \in B} P^{(1)}(y \,|\, x)\, P^{(2)}(z \,|\, y); \quad x \in A, z \in D.$$

In leicht verständlicher Bezeichnung können wir diese Formeln auch als $p_{ik} = \sum_j p_{ij}^{(1)} p_{jk}^{(2)}$ schreiben.

Man gebe eine intuitive Begründung der Formeln

$$I(X \,\|\, Z) \leqslant I(X \,\|\, Y), \quad H(X \,|\, Z) \geqslant H(X \,|\, Y),$$

worin X = gesendeter Buchstabe in $(A, \mathbf{P}^{(1)}, B)$, Y = empfangener Buchstabe in $(A, \mathbf{P}^{(1)}, B)$ = gesendeter Buchstabe in $(B, \mathbf{P}^{(2)}, D)$, Z = empfangener Buchstabe in $(B, \mathbf{P}^{(2)}, D)$.

Man beweise diese Formeln. W a r n u n g : Die Aufgabe ist nicht leicht!

14. Über die Bestimmung der Kapazität[1]

Wie im vorigen Abschnitt untersuchen wir einen einfachen Kanal $(A, \mathbf{P}, B)$. Wir möchten seine Kapazität C berechnen. Eine direkte Formel für C gibt es nicht. Es existiert jedoch ein befriedigendes Resultat, das man mit einfachen Mitteln ableiten kann. Was wir brauchen, ist die Kenntnis darüber, wie die Übertragungsrate in Abhängigkeit von der Quelle variiert. Wir haben schon ein Resultat der gewünschten Art erhalten, nämlich die Identität (34) aus Satz 1 in Abschn. 8. In die gegenwärtige Situation übersetzt besagt diese Identität, daß für eine beliebige Verteilung $q \in S_{m-1}$ gilt

$$(48) \qquad I(p) + I(q^* := q) = \sum_i p_i\, I(q^* := q_i).$$

Hierin ist p wie üblich eine Quelle und q die von ihr auf der Empfängerseite induzierte Verteilung.

Wir wollen nun (48) dazu benutzen, eine mehrere Quellen einbeziehende Identität zu beweisen.

Lemma 1. Es seien $p^{(k)}$, $k = 1, 2, \ldots, N$ Quellen und $q^{(k)}$ die zugehörigen induzierten Verteilungen. Weiter sei $s = (s_1, s_2, \ldots, s_N)$ ein Wahrscheinlichkeitsvektor und $p^{(0)}$ die durch s bestimmte konvexe Kombination der $p^{(k)}$, d.h. die Quelle

$$p^{(0)} = \sum_{k=1}^{N} s_k p^{(k)}.$$

Mit $q^{(0)}$ bezeichnen wir die durch $p^{(0)}$ induzierte Verteilung.

---

[1] Die Beweise in diesem Kapitel sind aus der folgenden Arbeit des Verf. entnommen: A new proof of a result concerning computation of the capacity for a discrete channel. Z. Wahrscheinlichkeitstheorie verw. Geb. 22, 166–168 (1972).

Dann gilt für jede Verteilung $q^* \in S_{m-1}$:

$$(49) \qquad \sum_{k=1}^{N} s_k \, I(p^{(k)}) + \sum_{k=1}^{N} s_k \, I(q^* := q^{(k)}) = I(p^{(0)}) + I(q^* := q^{(0)}) \, .$$

B e w e i s . Wir setzen

$$p^{(k)} = (p_1^{(k)}, \dots, p_n^{(k)}); \quad k = 0, 1, 2, \dots, N \, .$$

Aus (48) erhalten wir

$$I(p^{(k)}) + I(q^* := q^{(k)}) = \sum_{i=1}^{n} p_i^{(k)} \, I(q^* := q_i); \quad k = 0, 1, 2, \dots, N \, .$$

Dies benutzend finden wir

$$\sum_{k=1}^{N} s_k I(p^{(k)}) + \sum_{k=1}^{N} s_k \, I(q^* := q^{(k)}) = \sum_{k=1}^{N} s_k \sum_{i=1}^{n} p_i^{(k)} \, I(q^* := q_i)$$

$$= \sum_{i=1}^{n} \sum_{k=1}^{N} s_k \, p_i^{(k)} \, I(q^* := q_i) = \sum_{i=1}^{n} \left(\sum_{k=1}^{N} s_k \, p_i^{(k)} \right) I(q^* := q_i)$$

$$= \sum_{i=1}^{n} p_i^{(0)} \, I(q^* := q_i) = I(p^{(0)}) + I(q^* := q^{(0)}). \quad \blacksquare$$

Wenn wir (49) mit $q^* = q^{(0)}$ anwenden, ergibt sich

$$\sum_{k=1}^{N} s_k \, I(p^{(k)}) \leqslant \sum_{k=1}^{N} s_k \, I(p^{(k)}) + \sum_{k=1}^{N} s_k \, I(q^{(0)} := q^{(k)}) = I(p^{(0)}).$$

Hieraus ersehen wir, daß der folgende Satz richtig ist:

Satz 1. Die Übertragungsrate ist eine konkave Funktion der Quelle, d.h. bei einer beliebigen endlichen Folge $p^{(1)}, \dots, p^{(N)}$ von Quellen und einem beliebigen Wahrscheinlichkeitsvektor $(s_1, \dots, s_N)$ wird

$$(50) \qquad \sum_{k=1}^{N} s_k \, I(p^{(k)}) \leqslant I\left(\sum_{k=1}^{N} s_k \, p^{(k)} \right) \, .$$

Das Gleichheitszeichen in (50) gilt dann und nur dann, wenn die durch $p^{(k)}$ induzierte Verteilung $q^{(k)}$ im Bereich der k mit $s_k > 0$ nicht von k abhängt.

Als Anwendung des Satzes 1 beweisen wir nun das folgende Resultat, das wir schon im vorigen Kapitel vermutet hatten.

Satz 2. a) Eine optimale Verteilung auf der Empfängerseite ist eindeutig bestimmt.

b) Auf der Senderseite kann es sehr wohl mehrere optimale Verteilungen geben. Die Menge der optimalen Verteilungen auf der Senderseite ist eine konvexe Teilmenge von S_{n-1}, d.h. jede konvexe Kombination von optimalen Verteilungen ist optimal.

B e w e i s . a) Es seien $q^{(1)}$ und $q^{(2)}$ auf der Empfängerseite optimal. Es gibt dann auf der Senderseite optimale Verteilungen $p^{(1)}$ und $p^{(2)}$, die $q^{(1)}$ bzw. $q^{(2)}$ induzieren. Aus (50) erhalten wir

$$C = \frac{1}{2} I(p^{(1)}) + \frac{1}{2} I(p^{(2)}) \leqslant I\left(\frac{1}{2} p^{(1)} + \frac{1}{2} p^{(2)}\right),$$

und da keine Übertragungsrate größer als C sein kann, so muß das Gleichheitszeichen gelten. Aus dem letzten Teil von Satz 1 folgt daher, daß $q^{(1)} = q^{(2)}$, und damit ist der Teil a) des Satzes bewiesen.

b) Dieser Teil folgt leicht aus (50), denn wenn $p^{(1)}, \ldots, p^{(N)}$ optimal sind und $(s_1, \ldots, s_N)$ einen Wahrscheinlichkeitsvektor bildet, so wird

$$C = \sum_{k=1}^{N} s_k I(p^{(k)}) \leqslant I\left(\sum_{k=1}^{N} s_k p^{(k)}\right)$$

und daher $I(\sum s_k p^{(k)}) = C$, d.h. $\sum s_k p^{(k)}$ ist optimal. ∎

Satz 3. (D e r   H a u p t s a t z   ü b e r   d i e   B e s t i m m u n g   d e r   K a p a z i t ä t   e i n f a c h e r   K a n ä l e) . Es sei $p^* \in S_{n-1}$ eine Quelle und $q^* \in S_{m-1}$ die auf der Empfängerseite induzierte Verteilung. Eine notwendige und hinreichende Bedingung dafür, daß p^* optimal ist, besteht in folgendem: Es gibt eine Konstante C derart, daß die beiden Bedingungen

(51) $I(q^* := q_i) = C$ wenn $p_i^* > 0$,

(52) $I(q^* := q_i) \leqslant C$ wenn $p_i^* = 0$

erfüllt sind.

Wenn diese Bedingungen erfüllt sind, so ist C gerade die Kapazität des Kanals.

B e w e i s . Daß die Bedingung hinreicht, folgt aus der einfachen Identität (48). In der Tat: gelten (51) und (52), so wird bei einer beliebigen Verteilung $p \in S_{n-1}$ mit der induzierten Verteilung $q \in S_{m-1}$:

$$I(p) \leqslant I(p) + I(q^* := q) = \sum_i p_i I(q^* := q_i) \leqslant C,$$

wobei C die in (51) und (52) erscheinende Konstante bedeutet. Daher ist die Kapazität höchstens gleich C. Andererseits folgt aus Satz (33) (Satz 1 in Abschnitt 8).

$$I(p^*) = \sum_i p_i^* I(q^* := q_i) = C.$$

Demnach muß die Kapazität gleich C sein und p^* ist optimal. Hiermit ist bewiesen, daß die Bedingung hinreicht und zugleich die letzte Aussage des Satzes.

Wir beweisen nun die Notwendigkeit und nehmen an, daß p^* optimal sei. Wir definieren Größen C_i; $i = 1, \ldots, n$ und C durch

$$C_i = I(q^* := q_i);, \quad i = 1, \ldots, n,$$

$$C = \sum_i p_i^* C_i.$$

Dann ist

$$\text{Kapazität} = I(p^*) = \sum_i p_i^* C_i = C.$$

Wir wählen i_0 derart, daß C_{i_0} ein Größtes unter den C_i wird:

$$C_{i_0} = \max \{C_1, C_2, \ldots, C_n\}.$$

Offenbar ist $C \leqslant C_{i_0}$. Wir behaupten, daß, falls $C = C_{i_0}$, sowohl (51) als auch (52) erfüllt ist. Wenn nämlich $C = C_{i_0}$ ist, so folgt $C_i \leqslant C_{i_0} = C$ für alle i und damit (52). Weiter ergibt sich (51) dann aus

$$0 = C_{i_0} - C = \sum_i p_i^* (C_{i_0} - C),$$

weil dies impliziert, daß $C_{i_0} - C_i = 0$ für $p_i^* > 0$, also $C_i = C_{i_0} = C$.

Wir beweisen nun, daß tatsächlich $C = C_{i_0}$ ist. Wir führen den Beweis indirekt und nehmen an, daß $C < C_{i0}$. Die Idee, die uns zu einem Widerspruch führen soll, ist die folgende: Wenn C_{i_0} wirklich so groß ist, und wenn wir C_{i_0} etwas leichtfertig auffassen als den Beitrag zur Kapazität, der vom i_0-ten Eingangsbuchstaben x_{i_0} herrührt, so haben wir Grund zu der Annahme, daß wir eine größere Übertragungsrate erzielen können, indem wir diesen Buchstaben ein bißchen häufiger senden, als es beim Gebrauch der Verteilung p^* der Fall wäre. Um diesen Gedanken auszuführen, betrachten wir die Verteilung p_{i_0}, die darin besteht, daß wir x_{i_0} mit der Wahrscheinlichkeit 1 senden, d.h.

$$p_{i_0} = (0, \ldots, 1 \ldots, 0),$$

wo die Zahl 1 an der i_0-ten Stelle steht. Die Verteilung p_{i_0} induziert natürlich die Verteilung q_{i_0}.

Für $0 < \theta < 1$ bezeichnen wir mit p_θ die Verteilung

$$p_\theta = \theta p_{i_0} + (1 - \theta) p^*.$$

Wir hoffen also, beweisen zu können, daß es ein kleines positives θ mit $I(p_\theta) > C$ gibt; dann wären wir jedenfalls zu einem Widerspruch gelangt. Zu diesem Zweck wenden wir (49) mit $N = 2$, $(p^{(1)}, p^{(2)}) = (p_{i_0}, p^*)$, $(s_1, s_2) = (\theta, 1 - \theta)$ und $q^* = q_\theta$, der von p_θ induzierten Verteilung, an. Wir erhalten

$$\vartheta\, I(p_{i_0}) + (1 - \vartheta)\, I(p^*) + \vartheta\, I(q_\vartheta := q_{i_0}) + (1 - \vartheta)\, I(q_\vartheta := q^*) = I(p_\vartheta)$$

oder

$$(1 - \vartheta)\, C + \vartheta\, I(q_\vartheta := q_{i_0}) + (1 - \vartheta)\, I(q_\vartheta := q^*) = I(p_\vartheta)$$

und daraus

$$I(p_\vartheta) \geqslant (1 - \vartheta)\, C + \vartheta\, I(q_\vartheta := q_{i_0}).$$

Wir benutzen nun, daß $q_\theta \to q^*$ für $\theta \to 0$, und die Stetigkeit von $I(q_\theta := q_{i_0})$ als Funktion von q_θ (s. Aufgabe 9 in Abschn. 8), um zu schließen, daß

$$\lim_{\vartheta \to 0} I(q_\vartheta := q_{i_0}) = C_{i_0}.$$

Wegen $C_{i_0} > \bar{C}$ gibt es daher ein $\theta > 0$ derart, daß $I(q_\theta := q_{i_0}) > C$. Mit diesem Wert von θ haben wir

$$I(p_\vartheta) \geqslant (1 - \vartheta)\, C + \vartheta\, I(q_\vartheta := q_{i_0}) > (1 - \vartheta)\, C + \vartheta\, C = C$$

und sind damit zu dem gewünschten Widerspruch gelangt. ∎

Aufgaben. 1. In einem Kreuzungsversuch wird ein Individuum vom Genotyp aa mit einem Individuum, das vom Genotyp aa, Aa oder AA sein kann, gekreuzt. Das Ergebnis ist ein Individuum vom Genotyp aa oder Aa. Man betrachte das Kreuzen als einen Kanal und berechne dessen Kapazität und optimale Verteilungen.

2. Man benutze Satz 1, um das Resultat der Aufgabe 4 in Abschn. 8 zu beweisen.

3. Man beweise, daß alle Wahrscheinlichkeiten in der optimalen Verteilung auf der Empfängerseite positiv sind (Fußnote 1 (S. 71) ist nach wie vor in Kraft).

4. Für einen Kanal ohne Gedächtnis beweise man: die Kapazität von (A^N, P_N, B^N) ist N mal so groß wie die Kapazität von (A, P, B).

5. Die Übertragungsmatrix P habe die Form

$$P = \begin{Bmatrix} P_1 & O \\ O & P_2 \end{Bmatrix},$$

zum Beispiel

$$P = \begin{Bmatrix} \frac{1}{2} & \frac{1}{4} & \frac{1}{4} & 0 & 0 & 0 & 0 \\[2mm] 0 & 1 & 0 & 0 & 0 & 0 & 0 \\[2mm] 0 & 0 & 0 & \frac{1}{3} & \frac{1}{3} & \frac{1}{6} & \frac{1}{6} \\[2mm] 0 & 0 & 0 & \frac{1}{6} & \frac{1}{6} & \frac{1}{3} & \frac{1}{3} \end{Bmatrix}$$

Durch C bezeichnen wir die Kapazität von P und durch C_1 bzw. C_2 die von P_1 bzw. P_2. Man zeige: Ist p_1 optimal für P_1 und p_2 optimal für P_2, so ist die Verteilung, die man durch Zusammensetzen von p_1 und p_2 im Verhältnis $2^{C_1} : 2^{C_2}$ bekommt, optimal für P. Weiter beweise man die Formel

$$C = \log\left(2^{C_1} + 2^{C_2}\right).$$

6. Es sei P eine Übertragungsmatrix und P' diejenige Übertragungsmatrix, die man bekommt, indem man in P die beiden ersten Spalten addiert. Man zeige: Unterscheiden sich die beiden ersten Spalten von **P** nur durch einen konstanten Faktor, so haben **P** und **P′** dieselbe Kapazität. Man sagt in diesem Fall, daß **P′** aus **P** durch eine R e d u k - t i o n erhalten wird.

7. Es sei **P** ein Kanal und **q*** die optimale Verteilung auf der Empfängerseite. Die Menge der optimalen Verteilungen auf der Senderseite ist also eine Teilmenge der Menge der Verteilungen auf der Senderseite, die **q*** induzieren. Man beweise: Gibt es eine optimale Verteilung **p** mit $p_i > 0$ für alle i, so fallen die beiden betreffenden Mengen zusammen. Man zeige auch, daß dies im allgemeinen nicht richtig ist.

A n l e i t u n g zum letzten Teil: Man betrachte den neuen Kanal, der aus **P** durch Hinzufügen des Zeilenvektors **q*** entsteht.

8. Man berechne die Kapazität des Kanals mit der Überführungsmatrix

$$\left\{ \begin{array}{ccc} \alpha & 1-\alpha & 0 \\ \dfrac{1}{2} & 0 & \dfrac{1}{2} \\ 0 & 1-\alpha & \alpha \end{array} \right\}$$

als Funktion von α. W a r n u n g : Die Aufgabe ist nicht leicht[1].

15. Der 2. Hauptsatz der Informationstheorie

Wir betrachten wieder ein Kommunikationssystem wie in der Fig. 17. Der 2. Hauptsatz der Informationstheorie sagt etwas darüber aus, wie effektiv man ein solches System ausnutzen kann, indem man den Code an die Quelle und den Kanal anpaßt. Wenn wir hier von Code sprechen, so haben wir sowohl den Codierungsteil als auch den Decodierungsteil im Auge; beide hängen natürlich eng miteinander zusammen.

Die Resultate, die man bisher erhalten hat, leiden fast alle an dem ernsthaften Mangel, daß sie nur die E x i s t e n z „optimaler Codes" aufzeigen, aber nicht angeben, wie man solche Codes k o n s t r u i e r e n kann. In der letzten Zeit hat man jedoch gewisse Fortschritte gemacht, und die Entwicklung wird vielleicht dazu führen, daß in 10 Jahren konstruktive Beweise in einer Reihe wichtiger Spezialfälle vorliegen.

Der Leser wird in dieser Darstellung keinen Beweis des 2. Hauptsatzes finden. Wir beschränken uns darauf, das Ergebnis in einem besonders einfachen Spezialfall zu formulieren. Als erstes nehmen wir an, daß wir es mit einem binären symmetrischen Kanal ohne Gedächtnis zu tun haben. Die Übertragungsmatrix ist dann von der Form

---

[1]) Siehe gegebenenfalls S i l v e r m a n , R.A.: On binary channels and their cascades. IRE Trans. Inform. Theory IT−1, 19−27 (1955).

$$P = \begin{Bmatrix} p & 1-p \\ \\ 1-p & p \end{Bmatrix},$$

worin wir voraussetzen können, daß $1/2 < p \leqslant 1$. Sowohl das Eingangs- als auch das Ausgangsalphabet stellen wir uns als aus den binären Ziffern 0 und 1 bestehend vor. Aus Satz 3 in Abschn. 14 (s. a. Aufgabe 4 in Abschn. 13) ersehen wir, daß die Gleichverteilung sowohl auf der Sender- als auch auf der Empfängerseite optimal ist und daß die Kapazität durch

$$C = 1 - H(p, 1 - p)$$

gegeben wird.

Wir koppeln nun den Kanal mit einer Quelle zusammen, die M verschiedene Nachrichten erzeugen kann. Wir wollen eine sinnvolle Definition eines Codes geben, in dem wir das Geräusch im Kanal berücksichtigen.

Unter einem C o d e (N, M) verstehen wir ein System

$$(\kappa_1, B_1), \quad (\kappa_2, B_2), \ldots, (\kappa_M, B_M),$$

in dem κ_k für jedes k ein Codewort der Länge N ist und $\{B_1, B_2, \ldots, B_M\}$ eine Klasseneinteilung der Menge der 2^N möglichen Codewörter der Länge N.

Diese Definition soll folgendes bedeuten: Wenn die Quelle die k-te Nachricht erzeugt, so schickt der Sender das Codewort κ_k durch den Kanal. Dort wird dieses Wort dem Geräusch ausgesetzt und als ein, im allgemeinen anderes, Wort, etwa κ'_k empfangen. Der Empfänger untersucht nun, für welches s $\kappa'_k \in B_s$ gilt, und rechnet dann damit, daß die s-te Mitteilung gesendet wurde; dies ist also die empfangene Mitteilung.

H i n w e i s . Man beachte, daß wir jetzt von einem Code verlangen, alle Codewörter seien gleich lang. Der Grund hierfür liegt darin, daß man sich schwer vorstellen kann, wie der Empfänger sonst imstande wäre zu sehen, wo ein Codewort aufhört und das nächste anfängt.

Die Wahrscheinlichkeit dafür, daß die k-te Nachricht falsch empfangen wird, ist

$$\lambda_k = 1 - P_N (\kappa'_k \in B_k \mid \kappa_k).$$

Unter der F e h l e r w a h r s c h e i n l i c h k e i t des Code versteht man die größte der Zahlen λ_k; $k = 1, 2, \ldots M$. Sie ist ein zweckmäßiger Parameter, vor allem, wenn die M Nachrichten, die die Quelle hervorbringt, gleich häufig sind.

Unter einem Code (N, M, λ) verstehen wir einen Code (N, M), dessen Fehlerwahrscheinlichkeit höchstens gleich λ ist.

Wir können nun den folgenden S p e z i a l f a l l d e s 2 . H a u p t s a t z e s d e r I n f o r m a t i o n s t h e o r i e formulieren:

Satz 1. Es seien $\epsilon > 0$ und λ mit $0 < \lambda \leqslant 1$ gegeben. Dann gibt es zu jedem hinreichend großen N einen Code $(N, 2^{N(C-\epsilon)}, \lambda)$, und C kann als die größte Zahl, für die dies richtig ist, charakterisiert werden.

Grob gesagt, ist es also möglich, 2^{NC} Nachrichten fast ohne Fehlerrisiko durch den Kanal zu schicken, indem man Codewörter der (großen) Länge N verwendet. 2^{NC} Nachrichten entsprechen NC bit, vorausgesetzt, daß die Nachrichten gleich wahrscheinlich sind, und wenn wir annehmen, daß 1 Sekunde notwendig ist, um einen Buchstaben durch den Kanal zu senden, so können wir daher sagen, daß der Kanal C bit pro Sekunde übertragen kann. Diese Interpretation des Satzes steht im Einklang mit der Definition der Kapazität (der Zusammenhang ist besonders überzeugend, wenn man sich an das Ergebnis der Aufgabe 4 in Abschn. 14 erinnert).

Aufgaben. 1. Im Fall des geräuschlosen Kanals, der p = 1 entspricht, ist der Satz 1 leicht zu beweisen. Man tue es.

2. Für p = 3/4 konstruiere man vernünftige Codes (N, 2), für N = 1 und N = 3, und berechne ihre Fehlerwahrscheinlichkeit.

Bezeichnungen

$H(\mathscr{F})$, $H(p)$, $H(X)$	ideelle Entropie
$H_0(\mathscr{F})$, $H_0(p)$, $H_0(X)$	wirkliche Entropie
2_∞	Menge der Wörter
$\|\mu\|$	Länge des Wortes μ
$E(\|\kappa\|)$	mittlere Länge des Codes κ
$\mathbf{N}$	Menge der natürlichen Zahlen
$\mathbf{R}$	Menge der reellen Zahlen
p	Verteilung von X
q	Verteilung von Y
q_i	bedingte Verteilung von Y bezüglich $X = x_i$
p_j	bedingte Verteilung von X bezüglich $Y = y_j$
$X \frown Y$	Y ist eine Konsequenz von X
$co\,(a_1, \ldots, a_n)$	konvexe Hülle
S_n	Einheitssimplex
$H(X \mid Y)$	erwartete Unbestimmtheit von X nach Beobachtung von Y
$I(X \parallel Y)$	Information über X, die durch Beobachtung von Y gewonnen wird
$I(p := p^*)$	Informationsgewinn
P	Übertragungsmatrix
(A, p)	Quelle
(A, p, B)	Kanal
$I(p)$	Übertragungsrate
C	Kapazität

Literatur

A b r a m s o n , N.: Information theory and coding. New York 1963

A s h , R.B.: Information theory. New York 1965

F e i n s t e i n , A.: Foundations of information theory. New York 1958

G a l l a g e r , R.G.: Information theory and reliable communication. New York 1968

J a g l o m , A.M.; J a g l o m , I.M.: Wahrscheinlichkeit und Information. 3. Aufl.
Berlin 1967

K h i n c h i n , A.I.: Mathematical foundations of information theory. New York
1957

R é n y i , A.: Wahrscheinlichkeitsrechnung mit einem Anhang über Informationstheorie.
3. Aufl. Berlin 1971

R e z a , F.M.: An introduction to information theory. New York 1961

S h a n n o n , C.E.: A mathematical theory of communication. Bell System Tech. J.
27 (1948), 379–423 (Teil I), 623–656 (Teil II). In Buchform nachgedruckt zusammen
mit Aufsätzen von W. Weaver. Urbana 1949

Teubner Studienbücher Fortsetzung

Mathematik Fortsetzung

Topsøe: **Informationstheorie**
Eine Einführung. 88 Seiten. DM 11,80

Witting: **Mathematische Statistik**
Eine Einführung in die Theorie und Methoden
2. Aufl. 223 Seiten. DM 24,– (LAMM)

Physik Elektrotechnik

Bourne/Kendall: **Vektoranalysis**
227 Seiten. DM 15,80

Großmann: **Mathematischer Einführungskurs für die Physik**
264 Seiten. DM 22,80

Heber/Weber: **Grundlagen der Quantenphysik**
Band 1: Quantenmechanik. VI, 158 Seiten. DM 12,80
Band 2: Quantenfeldtheorie. VI, 178 Seiten. DM 13,80
(Vertrieb nur in der BRD und West-Berlin)

Lautz: **Elektromagnetische Felder**
Ein einführendes Lehrbuch. 180 Seiten. DM 15,80

Leonhard: **Statistische Analyse linearer Regelsysteme**
266 Seiten, DM 18,80

Leonhard: **Regelung in der elektrischen Antriebstechnik**
216 Seiten. DM 22,–

Mayer-Kuckuck: **Physik der Atomkerne**
Eine Einführung. 2. Aufl. 288 Seiten. DM 19,80

Walcher: **Praktikum der Physik**
366 Seiten. DM 22,–

Mechanik

Becker: **Technische Strömungslehre**
Eine Einführung in die Grundlagen und technischen Anwendungen
der Strömungsmechanik. 3. Aufl. 144 Seiten. DM 11,80

Becker/Piltz: **Übungen zur Technischen Strömungslehre**
120 Seiten. DM 10,80

Magnus: **Schwingungen**
Eine Einführung in die theoretische Behandlung von Schwingungs-
problemen. 2. Aufl. 251 Seiten. DM 18,80 (LAMM)

Magnus/Müller: **Grundlagen der Technischen Mechanik**
300 Seiten. DM 24,– (LAMM)

Müller/Magnus: **Übungen zur Technischen Mechanik**
292 Seiten. DM 24,– (LAMM)

Wieghardt: **Theoretische Strömungslehre**
Eine Einführung. 2. Aufl. 237 Seiten. DM 24,– (LAMM)

Preisänderungen vorbehalten